黑土保护
与大豆施肥
百问百答

Black Soil Conservation and Soybean Fertilization
100 Questions and 100 Answers

魏 丹 ◎ 主编

中国农业出版社
农村读物出版社
北 京

主　　编	魏　丹			
副 主 编	王　伟	李玉梅	金　梁	蔡姗姗
	李　艳	丁建莉	徐军生	刘　伟
	郑淑琴			
参编人员	孙宾成	袁　明	田中艳	张春峰
	姜　宇	邹文秀	程延喜	董友魁
	王文斌	丁素荣	徐　辉	景玉良
	胡　钰	白　杨	李　婧	张　哲
	于立宏	靳锋云	辛洪生	刘国辉
	冀　刚	秦程程	张新源	吴　凯
	张馨元	孙朝阳	李　樵	朱　琳

　　黑土区是我国优质、绿色大豆的主产区，大豆产量占全国总产量的50%以上。今后，大豆面积还将进一步扩大。但黑土耕地质量下降以及长期单一种植等因素，严重地制约着农业的高产稳产和可持续发展，导致大豆单产水平低、效益差，远不能满足国家对大豆的需求。在此背景下，研究揭示障碍土壤低产机理，创新大豆障碍土壤质量评价新方法，提出大豆根土互作肥田和定向培育机制；创建以土壤障碍消减、中低肥力激发提升和高产土壤精准管理的关键技术，实现技术与产量的协同提升；集成创新不同肥力土壤地力提升的综合技术模式；明确地力提升的技术途径，是实现国家粮食安全的战略需求。

　　在"大豆及花生高效新型肥料及替代产品研发与应用技术"（2018YFD0201001）和农业农村部大豆产业技术体系支持下，本书基于东北"三省一区"（黑龙江、吉林、辽宁、内蒙古）39年长期定位试验和10年区域监测结果总结编写，旨在对黑土区大豆土壤障碍消减、增产、地力提升关键技术模式以及相关配套产品进行解析，为黑土保护、农业可持续发展提供科技支撑。

编　者

2020年2月

前言

第一部分　生产概述 / 1

1. 大豆土壤障碍消减的重要意义是什么？ / 1

2. 如何划分我国大豆栽培区域？ / 2

3. 我国大豆产量如何赶超世界水平？ / 2

4. 影响大豆产量的主要问题有哪些？ / 3

5. 如何从农业生产角度优化我国大豆生产体系？ / 3

6. 大豆土壤地力提升对土地保护工程起到哪些
支撑作用？ / 4

7. 东北地区大豆土壤的养分特征如何？全区土壤肥力
等级的划分情况怎么样？ / 4

8. 大豆根瘤菌固氮的生态意义与环境效益是什么？ / 6

9. 影响我国大豆根瘤菌地理分布的因素有哪些？ / 7

10. 种植大豆对土地保护的意义是什么？ / 7

第二部分　大豆栽培与土壤保护的基础知识 / 9

11. 我国土壤主要类型有哪些？ / 9

12. 黑土概念及分布是什么？ / 9

13. 黑土的基本肥力特征是什么？为什么有机质作为土壤
肥力核心指标？ / 10

14. 东北黑土开垦后的肥力是如何变化的？ / 10

15. 改善土壤孔隙度对大豆生长有哪些影响？ / 11

16. 大豆最适宜生长的pH范围是多少？ / 12

17. 什么是土壤耕层？如何构建肥沃耕层？ / 12

18. 什么是大豆土壤次生障碍？ / 13

19. 什么是大豆土壤原生障碍？ / 13

20. 大豆土壤有机碳分布特征是什么？ / 13

21. 什么是有机碳平衡点？该点具有什么农学意义？ /14

22. 什么是土壤质量？土壤质量评价指标有哪些？ / 14

23. 以提升土壤地力为目标进行耕地土壤监测主要
    有哪些指标？ / 15

24. 大豆土壤障碍类型有哪些？ / 16

25. 如何划分耕地质量等级？ / 18

26. 如何划分土壤高、中、低产田？ / 18

27. 高产土壤和低产土壤的微生物分布
    有什么区别？ / 19

28. 如何调节土壤酸碱性？ / 19

29. 土壤酸化对作物生长有什么危害？ / 19

30. 瘠薄土壤的特征及对其大豆生长有哪些影响？ / 20

31. 白浆土的特征及其对大豆生长有哪些影响？ / 20

32. 土壤沙化的改良方式有哪些？ / 21

33. 土壤侵蚀对大豆生长危害是什么？ / 22

34. 大豆连作障碍表现在哪些方面？ / 22

35. 连作障碍发生的原因及危害有哪些？ / 22

36. 大豆连作减产的原因是什么？ / 23

37. 东北地区不同等级大豆土壤的质量指数及大豆产量
    情况是什么？ / 24

38. 什么是土壤退化？东北大豆土壤退化的表现
　　有哪些？ / 24

39. 黑土肥力退化的原因及定向培育机制是什么？ / 25

40. 什么是合理轮作？玉米 - 大豆轮作对土壤质量和肥料
　　利用效率影响如何？ / 26

41. 大豆根瘤固氮机制是什么？ / 26

42. 与施用化肥相比，大豆生物固氮的优势是什么？ / 27

43. 大豆根系促进土壤水稳性团聚体形成与有机质积累
　　的作用机制是什么？ / 28

44. 大豆共生固氮与土壤氮含量的响应关系是什么？ / 28

45. 种植大豆的肥田机制是什么？ / 29

第三部分　大豆土壤障碍消减与地力提升技术 / 31

46. 大豆土壤障碍消减主要方法有哪些？ / 31

47. 大豆土壤障碍消减地力提升总体思路是什么？ / 32

48. 土壤障碍消减主要路径有哪些？ / 34

49. 轮作大豆耕作整地技术有哪些？ / 34

50. 大豆轮作土壤翻耕深度要注意哪些问题？ / 35

51. 什么时候才是大豆土壤翻耕的适宜时期？ / 36

52. 垄作大豆的整地耕作方式有哪些？ / 36

53. 平作大豆整地耕作方式有哪些？ / 37

54. 大豆连作土壤根区微生物调控技术是什么？ / 37

55. 如何改良白浆化大豆土壤障碍？ / 38

56. 如何改良酸化大豆土壤？ / 39

57. 大豆连作障碍土壤的消减技术措施有哪些？ / 39

58. 大豆侵蚀土壤如何进行固土保水控制水土流失？ / 40

59. 秸秆快速原位腐解技术的实施方法是什么？ / 41

60. 玉米-大豆轮作过程中秸秆还田的方式有哪些？/41

61. 大豆土壤如何进行地力提升？/42

62. 大豆高产土壤如何进行保育？/42

63. 东北地区大豆-玉米轮作体系是什么？/43

64. 如何构建大豆土壤肥沃耕层？/44

65. 如何培育健康的大豆土壤？/45

66. 大豆土壤地力提升的经济效益、社会效益和生态效益
具体表现在哪些方面？/46

第四部分　大豆施肥与养分管理 /47

67. 大豆的需肥特点是什么？/47

68. 大豆的需肥规律有哪些？/48

69. 大豆怎样进行田间管理？/49

70. 大豆生育期怎样科学施肥？/50

71. 大豆土壤养分管理应用什么原理建立模型？/51

72. 基于大豆产量反应与农学效率的养分管理系统是如何
实现优化施肥的？/52

73. 如何实现东北黑土区养分管理？/52

74. 养分专家系统推荐施肥与测土配方施肥有何不同？/53

75. 玉米-大豆轮作条件下如何施肥实现均衡增产？/53

76. 哪些前茬作物适宜种大豆，哪些前茬作物不适宜
种大豆？/54

77. 玉米-大豆轮作后，大豆根瘤菌丰度等如何变化？/54

78. 大豆缺素的表现如何？/54

79. 如何施用有机肥及其对大豆连作土壤的作用？/56

80. 东北大豆如何进行区域科学施肥？/56

81. 大豆开花结荚期田间管理关键技术措施有哪些？ / 57

82. 连作大豆如何实现增碳调磷高效施肥？ / 58

第五部分　农化产品 / 59

83. 什么是大豆根瘤菌剂？大豆根瘤菌剂应用方法
   是什么？ / 59

84. 有机肥对土壤肥力的影响如何？ / 59

85. 什么是生物有机肥？ / 60

86. 秸秆腐熟剂的作用是什么？ / 60

87. 什么是秸秆两段式还田？ / 61

88. 什么是微生物肥料？微生物肥料的种类有哪些？ / 62

89. PGPR 微生物肥料的特点及作用如何？ / 62

90. 大豆障碍土壤调理制剂有哪些？ / 63

91. 大豆保花保荚叶面肥的功能是什么？ / 64

92. 大豆叶面肥的功能及种类有哪些？ / 64

93. 喷施大豆叶面肥的注意事项有哪些？ / 65

94. 补充大豆微量元素的主要措施和产品有哪些？ / 65

95. 大豆种衣剂的主要作用是什么？ / 66

96. 目前市场上的大豆种衣剂主要有哪些类型？ / 67

第六部分　大豆高产高效模式 / 68

97. 大豆障碍土壤改良模式有哪些？ / 68

98. 大豆中低产田地力提升模式是什么？ / 70

99. 大豆高产土壤保育模式是什么？ / 71

100. 我国北方的秸秆还田技术体系有哪些？ / 71

101. 东北大豆产区主要轮作方式有哪些？ / 72

102. 大豆"三垄"高产栽培模式及栽培要点有哪些？ / 72

103. 大豆窄行密植栽培模式及栽培要点是什么？ / 74

104. 大豆机械化"深窄密""大垄密"栽培模式
　　的条件是什么？ / 74

105. 大豆"小垄密"栽培模式及栽培要点是什么？ / 76

106. 大豆"垄双"栽培模式及栽培要点是什么？ / 77

107. 大豆"原垄卡种"栽培模式及栽培要点是什么？ / 78

108. 东北高产大豆选用良种的原则有哪些？ / 79

109. 绿色大豆高产高效栽培模式如何实施？ / 81

第一部分
生产概述

1. 大豆土壤障碍消减的重要意义是什么？

2006 年，我国已经成为世界上最大的大豆进口国和消费国。2008—2017 年 10 年间，中国大豆进口量呈增长趋势（图 1-1）。2018 年，中国海关总署数据显示，我国进口大豆达到了 8 800 万吨，进口总量占全国大豆消费总量的 80% 左右，自给率仅为 20%。大豆自给率严重不足，对我国粮食安全非常不利。因此，为保证我国粮食安全，在可利用土地不足的情况下，提高大豆的单产和品质成为重要的措施。美国大豆平均产量可达 180～200 千克/亩*，而我国大豆平均产量仅为 110 千克/亩。在黑

图1-1　2008—2017年中国大豆进口量

---

*亩为非法定计量单位。1亩=1/15公顷。

1

龙江省地力较高的地区，大豆的亩产也可达到200千克/亩。我国大豆单产较低的瓶颈在于中低产田。因此，黑土区大豆土壤障碍的消减及地力提升，对于提升我国大豆单产、解决我国大豆自给率严重不足的问题具有重要意义。

2. 如何划分我国大豆栽培区域？

根据我国大豆栽培及品质区别，可将我国大豆产区分为3个区域：北方春大豆区、黄淮夏大豆区、南方间套作大豆区。北方春大豆区的种植面积最广，其中，东北三省和内蒙古东四盟的大豆播种面积可达全国大豆总播种面积的一半以上。

3. 我国大豆产量如何赶超世界水平？

与大豆高产国家相比，我国大豆产量较低（图1-2）。因

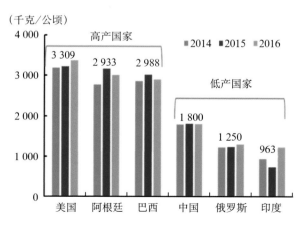

图1-2　2014—2016年不同国家大豆产量对比

此，应对大豆产业进行发展规划，在结构调整上，加强以大豆为茬口的轮作方式；在品种上，加强大豆高产和专用型大豆种质创新；在栽培方式上，推进大豆密植种植栽培方式；在土地利用上，提升中低产的地力。按照增产增效并重、良种良法配套、农机农艺结合、生产生态协调的原则，以工程农艺的手段，强化我国大豆产业。

4. 影响大豆产量的主要问题有哪些？

我国大豆存在单产低、效益低和国际竞争力低的问题。我国大豆单产仅为美国、阿根廷、巴西等大豆高产国单产的1/2左右。

（1）大豆生产主要为农户个体种植，种植区域分散、规模较小，全国大豆种植农户平均面积仅为 1～2 亩。目前由小规模向集中种植转变，大豆的主产区东北地区以合作社方式规模种植为主，规模化种植比例提高，但种植水平有待提高。

（2）由于长期不合理利用土地和地形地貌及气候特点，东北区域土壤产生次生障碍和原生障碍。

（3）肥料利用效率低，施肥不均衡。

（4）种植结构单一，需要建立轮作条件下的耕作、施肥和栽培技术体系。

5. 如何从农业生产角度优化我国大豆生产体系？

提高我国大豆自给能力，需要广泛推进轮作种植制度。根据区域土壤状况及经济发展需求，实行玉米-大豆、玉米-小麦-大豆等轮作、间作、套种等模式，构建合理种植体系，优化种植结构，增加大豆的种植面积。同时，推进减肥、减药、节水等农业技术，促进用地、养地相结合。

6. 大豆土壤地力提升对土地保护工程起到哪些支撑作用？

保护东北黑土地是一项长期而艰巨的任务，需要加强规划引导，统筹各方力量，加大资金投入，强化监督评价，合力推进东北黑土地的保护。大豆土壤地力提升对黑土地保护工程起到了关键作用，具体表现为实施"藏粮于技"战略，加强黑土地保护技术研究。推进科技创新，组织科研单位开展技术攻关，重点开展黑土保育、土壤养分平衡、节水灌溉、旱作农业、保护性耕作、水土流失治理等技术攻关，特别要集中攻关秸秆低温腐熟技术。推进集成创新，结合开展绿色高产高效创建和模式攻关，集成组装一批黑土地保护技术模式。深入开展高素质农民培训工程、农村实用人才带头人素质提升计划，着力提高种植大户、新型农业经营主体骨干人员的科学施肥、耕地保育水平，使之成为黑土地保护的中坚力量。

7. 东北地区大豆土壤的养分特征如何？全区土壤肥力等级的划分情况怎么样？

东北地区大豆土壤的养分特征（表1-1）：全区有机质、全氮、有效磷含量较高，但具有不均匀性，部分地区缺磷，速效钾含量较高，有50%以上土壤有效硼、有效钼、有效锌缺乏，东部和北部土壤酸化趋势明显。

表1-1　东北地区大豆土壤的养分特征

耕地质量等级	耕地面积（亿亩）	主要分布	土壤类型	障碍因素
一至三等	1.44	松嫩三江平原农业区	黑土、草甸土	土壤中没有明显的障碍因素
四等	0.81	松嫩三江平原农业区和辽宁平原丘陵农林区	白浆土、黑钙土、栗钙土、棕壤	土壤质地黏重，易受旱涝影响
五至六等	0.87	松辽平原的轻度沙化与盐碱地区以及大小兴安岭的丘陵区	暗棕壤、白浆土、黑钙土、黑土、棕壤	主要障碍因素包括低温冷害、水土流失、土壤板结等
七至八等	0.22	大小兴安岭、长白山地区，以及内蒙古东北高原、松辽平原严重沙化与盐碱化地区	暗棕壤、栗钙土、褐土、风沙土、盐碱土	主要障碍因素包括水土流失、土壤沙化、盐碱化及土壤养分贫瘠等。这部分耕地土壤保肥保水能力差、排水不畅，易受到干旱和洪涝灾害的影响

　　东北地区土壤按地力等级划分为10个等级，高肥力土壤面积为511.1万公顷，占23.73%；中肥力土壤面积为1 157.4万公顷，占53.75%；低肥力土壤面积为484.9万公顷，占22.52%。障碍土壤面积为5 000万亩，其中白浆土1 250万亩，侵蚀退化土壤1 070万亩，瘠薄土壤1 180万亩，连作障碍1 500万亩。东北地区耕地质量等级比例分布特征见图1-3。

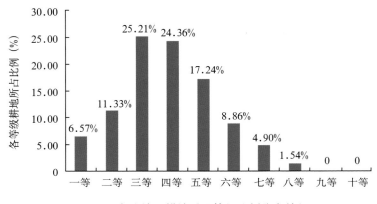

图1-3 东北地区耕地质量等级比例分布特征

8.大豆根瘤菌固氮的生态意义与环境效益是什么？

　　根瘤菌与豆科作物所形成的共生固氮体系，不仅可为豆科作物提供大量的氮素营养，且对于维系自然界氮素循环、促进农业可持续发展具有重要的作用。共生固氮是一种极其温和的生化反应，在常温常压下，依靠微生物本身的固氮酶作为催化剂，将大气中廉价的氮气合成氨供植物吸收。与化学氮肥相比，生物固氮可大大节约生产成本，减少大量不可再生能源消耗，是实现节能减排的有效措施。我国施用的化肥总量约占世界的35%，盲目过量施用化肥，不仅容易引起水、土壤和大气等的污染，还容易使一些有害物质通过食物链进入人体，造成二次污染。大豆根瘤共生固氮肥效持续时间长，有利于生态环境的保护和农业的可持续发展。

9. 影响我国大豆根瘤菌地理分布的因素有哪些？

影响大豆根瘤菌在我国地理分布的因素很多，主要因素有大豆品种、土壤类型和人为因素等。

（1）**大豆品种** 大豆品种是影响大豆根瘤菌地理分布的先决条件，大豆品种的基因型对根瘤菌种类的选择、数量变化等产生影响。

（2）**土壤类型** 土壤类型对大豆根瘤菌的地理分布和种群丰度有显著影响，主要表现在土壤酸碱度对根瘤菌不同遗传型有选择作用。

（3）**人为因素** 大豆的种植模式、品种、施肥等农业活动和土地的利用方式，对大豆根瘤菌的地理分布和种群丰度也有显著影响。

10. 种植大豆对土地保护的意义是什么？

长期大豆连作，可导致土壤中一些酶活性降低、速效养分含量降低等，造成养分的偏耗；但在轮作体系中，由于不断更换作物，可形成新的土壤生态体系，是一种经济有效的土壤微生物生态活化措施。大豆根区土壤中的丛枝菌根（AM）真菌可通过外延菌丝的机械缠绕作用，促进植物生长及土壤团聚体的形成和稳定；大豆根系代谢产物球囊霉素相关土壤蛋白（GRSP）可将土壤细小颗粒胶结成较大的土壤团粒结构，对大团聚体改善及稳定性有明显的促进作用，进而提高土壤水分的渗透力和土壤稳定性、多孔结构。大豆可形成高效生物固氮体系，提高土壤氮的固存作用，其根系代谢产物有机酸对土壤磷、钾有明显的活化效应。

因此，种植大豆对土壤物理、化学、生物性状均有改善作用。同时，大豆作为有效的固氮作物，种植大豆不仅可为后茬作物提供较多氮素，也能够提高土壤有机质、有效磷等养分含量，可降低化肥投入和污染。在黑土区施行豆科作物轮作体系，具有良好的环境效益，对黑土地力提升、生态环境改善具有重要的积极作用。

第二部分
大豆栽培与土壤保护的基础知识

11. 我国土壤主要类型有哪些？

我国土壤主要类型有砖红壤、赤红壤、红壤、黄壤、黄棕壤、棕壤、暗棕壤、黑土、寒棕壤、褐土、黑钙土、栗钙土、棕钙土、黑垆土、荒漠土、高山草甸土和高山漠土等。

12. 黑土概念及分布是什么？

黑土是在温带大陆性气候，温带草原和草甸草原植被条件下发育的富含腐殖质和植物营养元素的土壤。其成土过程主要表现为腐殖质的累积和还原淋溶作用。腐殖质层深厚，一般30～70厘米，厚的可达70～100厘米，黑色或灰黑色，团粒状或团块状结构，水稳性高；淀积层厚30～50厘米，灰棕或浅棕带黄，核块状或块状结构，结构体表面有暗色腐殖质和铁锰胶膜，有时有铁锰结核和二氧化硅白色粉末。

黑土在我国主要分布于黑龙江和吉林两省（主要分布于大小兴安岭和长白山的山前台地）以及内蒙古。在辽宁、甘肃和河北的垂直带上，也有少量分布。总面积73 465公顷。

13. 黑土的基本肥力特征是什么？为什么有机质作为土壤肥力核心指标？

黑土发育于温带湿润气候与灌丛草甸植被下，成土过程为强烈的腐殖质积累与水分滞积作用。肥力特点主要表现在土壤潜在肥力与供肥特性的规律上，即养分储量高而速效养分少，有效性低，氮、钾素丰而磷素低，氮磷比例不调。土壤滞水性强而春季增温慢，前期供肥不足。

土壤有机质是指存在于土壤中的所含碳的有机物质。它包括各种动植物的残体、微生物体及其能分解和合成的各种有机质。土壤有机质是土壤固相部分的重要组成成分，尽管土壤有机质的含量只占土壤总量的很小一部分，但它对土壤形成、土壤肥力、环境保护及农林业可持续发展等方面都有着极其重要的意义。土壤有机质分腐殖物质和非腐殖物质两大类，是土壤肥力的重要物质基础。它能改善土壤的化学、物理、物理化学及生物学特性，是土壤形成的标志。

14. 东北黑土开垦后的肥力是如何变化的？

黑土开垦后，有机质含量下降。开垦10年，损失速率下降较快；至开垦40年，原有土壤有机质损失量在50%左右，此后土壤有机质含量变化趋于稳定（图2-1）。开垦后黑土中全氮及速效氮、全磷含量下降50%左右；而由于磷肥的施用，有效磷含量没有显著变化；全钾及速效钾含量均下降20%左右。

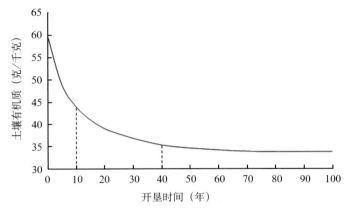

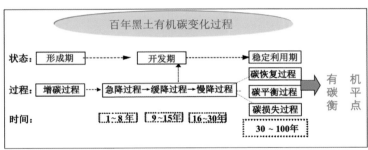

图2-1　黑土开垦后有机质百年变化过程

15. 改善土壤孔隙度对大豆生长有哪些影响?

单位容积土壤中孔隙所占的体积百分数，又称土壤总孔隙度。土壤总孔隙度分为毛管孔隙度和非毛管孔隙度。毛管孔隙度是许多细微孔隙的总和，具有蓄水、供水的作用；非毛管孔隙度则是许多大孔隙的总和，具有通气、透水的作用，但二者之间并不存在明显界限。土壤总孔隙度是其量的指标，大小孔隙的分配比例是其质的指标。土壤孔隙度一般为30% ～ 60%，通常50%以上时对大豆生长发育最适宜，它影响着土壤水分的保持和运行、养分的释放和移动、微生物的活动、土壤通气性及热特性，从而影响大豆根系的生长和产量的高低。

16. 大豆最适宜生长的pH范围是多少?

土壤pH也称为土壤酸碱度，以土壤溶液中氢离子活度的负对数值表示，是土壤酸碱度的定量反映。绝大多数土壤的pH在4～9之间。土壤酸碱性一般分为7级：<4.5 极强酸性，4.5～5.5 强酸性，5.5～6.5 酸性，6.5～7.5 中性，7.5～8.5 碱性，8.5～9.5 强碱性，>9.5 极强碱性（表2-1）。大豆生长适宜的pH范围为6.0～7.5。

表2-1 土壤酸碱性分级

pH	土壤酸碱性	pH	土壤酸碱性
<4.5	极强酸性	7.5～8.5	碱性
4.5～5.5	强酸性	8.5～9.5	强碱性
5.5～6.5	酸性	>9.5	极强碱性
6.5～7.5	中性		

17. 什么是土壤耕层? 如何构建肥沃耕层?

土壤耕层是对于耕作的土壤来说的，对于仍处于自然形态的土壤是没有这个概念的。土壤耕层的形成是由于人类的农业种植活动扰乱了土壤自然状态下的结构。常规耕作层一般为0～20厘米，犁底层或障碍层则位于20～35厘米土层。

以东北黑土区为例，犁底层的存在减弱了耕层和心土层之间的能量和物质流通，在农业生产实践中，可以通过深松打破犁底层。但是，由于土壤比较黏重，很快复原。为了解决东北黑土土壤黏重，耕层过浅，犁底层过厚，水、热、气交换不良和限制根系正常生长发育五大问题，通过一次深松将秸秆、有机肥和化肥施入20～35厘米的犁底层中，达到10年不深松且消除犁底层、构建肥沃耕层的目的。在深松的同时，施入玉米秸秆、有机肥，同时施入氮磷化肥，可促使根系在这个层次中旺盛生长。一方面，庞大的作物根系能够穿插切割犁底层，起到隔离黏土、改良土壤结构的作用；另一方面，改善了根系养分的吸收，达到高产的目的。建设黑土肥沃耕层，对黑土地区表层土壤流失后土壤肥力的恢复重建和退化黑土定向快速肥力培育具有重大的理论意义和生产价值。

18. 什么是大豆土壤次生障碍？

大豆次生障碍主要是大豆多年连作种植后根部病虫害加重、减产、营养失衡等现象。具体表现是土壤酸化、土传病虫害加重、土壤结构变差、土壤养分失衡等障碍现象。

19. 什么是大豆土壤原生障碍？

大豆土壤原生障碍是土壤的自然属性，是在土壤成土过程中形成的。具体表现为盐碱土的盐碱化、风沙土的沙化等特征。

20. 大豆土壤有机碳分布特征是什么？

我国东北黑土区有机碳含量呈由北向南、由西向东逐渐降低的趋势。随着纬度的增加，从吉林南部到黑龙江大部，一直到黑龙江北部、内蒙古北部，土壤有机碳随着纬度的升高而呈现增加的趋势，在呼伦贝尔地区达到最大值，黑土区有机碳的含量大多为 10～30 克/千克。

21. 什么是有机碳平衡点？该点具有什么农学意义？

土壤有机碳的含量水平主要取决于有机碳输入量与输出量的动态平衡。在相对稳定的生态系统中，土壤有机碳会维持在一个比较稳定的水平，即碳输入量等于碳输出量，这个稳定水平点的有机碳含量则称为有机碳平衡点。

当该系统中某因子发生变化而引起碳输入量高于或低于碳输出量时，土壤有机碳含量会相应地增加或降低，直至达到新的稳定平衡。在农田生态系统中，除了气候、土壤等自然因素外，土壤有机碳的周转还受到施肥、灌溉、耕作强度、种植制度等人为管理措施的影响。农田土壤有机碳库可以通过增加有机碳投入、改善管理措施等方法，在 5～10 年的时间尺度上进行快速调节。明确土壤有机碳平衡点，有利于定量有机碳的提升空间，为提升土壤有机碳含量选择适宜方法。

22. 什么是土壤质量？土壤质量评价指标有哪些？

从生产力、环境质量和健康 3 个角度出发，可将土壤质量定义为：土壤在生态系统中保持生物生产力、维持环境质量和促进动植物健康的能力。

根据分析性指标的性质，土壤质量的评价指标被分成土壤物理指标、土壤化学指标、土壤生物学指标三大块：

（1）**土壤物理指标** 土壤物理状况对植物生长和环境质量有直接或间接的影响。土壤物理指标包括土壤质地及粒径分布、土层厚度与根系深度、土壤容重和紧实度、孔隙度及孔隙分布、土壤结构、土壤含水量、田间持水量、土壤持水特征、渗透率和导水率、土壤排水性、土壤通气、土壤温度、障碍层深度、土壤侵蚀状况、氧扩散率、土壤耕性等。

（2）**土壤化学指标** 土壤中各种养分和土壤污染物质等的存在形态和浓度，直接影响植物生长和动物及人类健康。土壤化学指标包括土壤有机碳和全氮、矿化氮、磷和钾的全量及有效量、阳离子交换量（CEC）、土壤pH、电导率（全盐量）、盐基饱和度、碱化度、各种污染物存在形态和浓度等。

（3）**土壤生物学指标** 土壤生物是土壤中具有生命力的主要部分，是各种生物体的总称，包括土壤微生物、土壤动物和植物，是评价土壤质量和健康状况的重要指标之一。土壤中许多生物可以改善土壤质量状况，也有一些生物如线虫、病原菌等会降低土壤质量。目前应用较多的指标是土壤微生物指标，而中型和大型土壤动物指标正在研究阶段。土壤生物学指标包括微生物生物量碳和生物量氮、潜在可矿化氮、总生物量、土壤呼吸量、微生物种类与数量、生物量碳／有机总碳、呼吸量／生物量、酶活性、根系分泌物、作物残茬、根结线虫等。

23. 以提升土壤地力为目标进行耕地土壤监测主要有哪些指标？

耕地土壤监测是通过对耕地土壤定点调查、观测记载和测试等方式，对耕地土壤的理化性状、生产能力和环境质量进行动态监测的活动。对于土壤有机质、全氮、有效磷等参数，每年测定一次；对于土壤pH、重金属和微量元素等参数，每5年测定一次。

24. 大豆土壤障碍类型有哪些？

土壤障碍指土壤妨碍农作物正常生长发育，对农产品质量和品质造成不良影响的问题。由于不同地区的气候条件、成土母质、耕种措施等条件不同，土壤的障碍因子不同。一般将大豆土壤障碍分为原生障碍和次生障碍。大豆土壤原生障碍是土壤的自然属性，主要表现如白浆土的白浆层、盐碱土的盐碱化、风沙土的沙化等特征。大豆土壤次生障碍主要是大豆连作产生的土壤酸化、根部病虫害加重、土壤贫瘠化、土壤板结、土壤有机质含量降低等。大豆除草剂残留药害对下茬作物影响见图2-2、图2-3、图2-4。

图2-2 大豆除草剂残留药害对玉米生长的影响

图2-3 大豆除草剂残留药害对向日葵生长的影响

图2-4 大豆除草剂残留药害对小麦生长的影响

25. 如何划分耕地质量等级？

《耕地地力调查与质量评价技术规程》（NY/T 1634—2008）将耕地质量定义为：耕地满足作物生长和清洁生产的程度，包括耕地地力和耕地环境质量两方面。耕地质量等级是从农业生产的角度出发，通过综合指数法对耕地地力、土壤健康状况和田间基础设施构成的，满足农产品持续产出和质量安全的能力进行评价划分出的等级。《耕地质量等级》（GB/T 33469—2016）中，将耕地质量划分为 10 个等级，一等地耕地质量最高，十等地耕地质量最低。

26. 如何划分土壤高、中、低产田？

高、中、低产田的划分方法可分为 2 种：

（1）平均单产划分法　以作物平均单产 ±20%（或 50 千克）为划分依据，产量高于此上限的为高产田，在此范围内的是中产田，低于下限的为低产田。这种划分方法较为普遍，但缺点在于不同地域间的自然因素、农业状况不同。因此，划分结果误差较大。

（2）障碍因素划分法　《全国中低产田类型划分与改良技术规范》（NY/T 310—1996）中，将中低产田定义为：存在各种制约农业生产的土壤障碍因素，产量相对低而不稳的耕地。根据土壤主导障碍因素，将耕地划分为中、低产田，将基本不存在限制因素的耕地划分为高产田。

27. 高产土壤和低产土壤的微生物分布有什么区别？

一般来说，黑土中高产土壤以变形菌门（Proteobacteria）和放线菌门（Actinobacteria）等富营养细菌为优势种群分布，特别是 γ - 变形菌纲的相对丰度增加；低产土壤以绿弯菌门（Chloroflexi）和酸杆菌门（Acidobacteria）等贫营养优势菌群为优势种群。

28. 如何调节土壤酸碱性？

土壤酸性过大，可每年每亩施入20 ～ 25千克的石灰，且施足农家肥，切忌只施石灰不施农家肥，这样土壤反而会变黄、变瘦。也可施草木灰40 ～ 50千克，中和土壤酸性，更好地调节土壤的水、肥状况。而对于碱性土壤，通常每亩用石膏30 ～ 40千克作为基肥施入改良。

土壤碱性过高时，可加少量硫酸铝、硫酸亚铁、硫黄粉、腐殖酸肥等。常浇一些硫酸亚铁或硫酸铝的稀释水，可使土壤酸性增加。腐殖酸肥因含有较多的腐殖酸，能调节土壤的酸碱度。以上方法中，施硫黄粉见效慢，但效果最持久；施硫酸铝时，需补充磷肥；施硫酸亚铁见效快，但作用时间不长，需经常施用。

29. 土壤酸化对作物生长有什么危害？

土壤酸化是由于土壤本身的化学、生物学过程或者由于外部化学成分的输入使土壤 pH 降低，土壤中盐基离子被淋失而氢离子增加、酸度增高的现象。土壤酸化产生的原因包括大量降雨等自然原因，也包括酸沉降、连作或酸性作物种植、过量施用化肥等人为原因。

土壤酸化会使土壤中磷、钼、硼等元素的有效性下降，阳离子交换量降低，微生物活性和数量下降，从而导致土壤保肥能力下降，抑制作物的养分吸收，使产量下降。

土壤过酸或过碱会使土壤养分的有效性下降，降低土壤中磷、钾、钙、镁等及一些微量元素的有效性，使土壤难以形成良好结构，不利于作物生长。同时，抑制土壤微生物的活动，影响氮素及其他养分的转化和供应，不适宜作物生长。

30. 瘠薄土壤的特征及对其大豆生长有哪些影响？

《耕地质量等级》（GB/T 33469—2016）中，将东北地区的瘠薄土壤划分为耕层小于 15 厘米、有机质含量小于 20 克/千克、有效土层厚度小于 60 厘米的土壤。瘠薄土壤对大豆生长的影响主要表现为：抑制根系生长、根瘤固氮能力下降，大豆植株生长矮小、结荚率降低、籽粒不饱满，最终导致产量降低。

31. 白浆土的特征及其对大豆生长有哪些影响？

白浆土是指在温带半湿润及湿润区森林、草甸植被下，微度倾斜岗地的上轻下黏母质上，经过白浆化等成土过程形成的具有暗色腐殖质表层、灰白色的亚表层-白浆层及暗棕色的黏化淀积层的土壤。白浆土质地黏重，一般为轻黏土，有的可达中至重黏土。白浆土的主要特征是在腐殖质层下有一灰白色的紧实亚表层，即白浆层（潜育化白浆土剖面结构见图2-5），厚20～40厘米，是一个天然的隔水层，透水性较差。

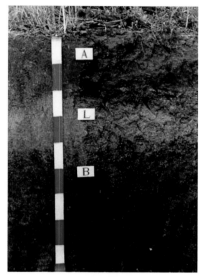

图2-5　潜育化白浆土剖面结构

白浆土主要分布于半干旱和湿润气候之间的过渡地带，在我国主要分布在黑龙江东部、东北部和吉林东部，以三江平原最为集中，是吉林、黑龙江两省的主要耕地土壤之一。黑龙江省白浆土面积为330万公顷，占全省总土地面积的7.47%，占全省总耕地面积的10.08%，在耕地土壤中居第三位。由于白浆层结构特性，可抑制大豆根系生长，降低株高，影响大豆产量。

白浆土养分总储量低，化学性质不良。白浆层养分贫瘠且物理性质不良，阻碍大豆根系生长，作物扎根困难，有效土层浅，不抗旱、不抗涝，作物产量低且不稳定。

32. 土壤沙化的改良方式有哪些？

土壤沙化指在风蚀等作用下土壤质地变粗、含沙量增加甚至沙漠化的过程。土壤沙化的改良方式可分为以下3种：

（1）**植物改良**　采用秸秆覆盖、留茬措施等，防止土壤风蚀，种植灌木、牧草等，从而减少沙地水土流失。

（2）**化学改良** 施用有机物料如有机肥、污泥等来增加土壤团粒结构，也可施用沙土改良剂修复土壤。

（3）**微生物改良** 在有机肥中添加特定功能微生物，制成混合型微生物改良剂，改善沙土土壤结构，提升土壤保水保肥性能。

33. 土壤侵蚀对大豆生长危害是什么？

土壤侵蚀泛指土壤或土体在水力、风力、冻融或重力作用下发生冲刷、剥蚀和流失的现象。一般分为水蚀、风蚀和重力侵蚀3种类型。侵蚀会使土壤结构破坏、土层变薄、土壤肥力降低，导致大豆根系生长不良，进而使大豆产量下降。

34. 大豆连作障碍表现在哪些方面？

连作是指在同一块田地上连续几年内种植相同作物的种植制度，又称为重茬。同种作物或者同一类作物连作后，会出现作物品质及产量下降、土壤肥力失衡等现象，这种现象称为连作障碍。不同的作物其连作障碍程度存在显著差异，其中以豆科作物的连作障碍较为明显。一般随连作年限的增加，障碍程度会加重。

35. 连作障碍发生的原因及危害有哪些？

（1）**土壤养分偏耗、土壤理化性质恶化** 由于单一作物对土壤养分的吸收具有选择性，在连作条件下，土壤中营养元素的平衡被打破，从而影响作物对营养元素的吸收利用，导致缺素症状的发生，影响作物产量和品质。

（2）**土传病害加剧**　连作导致单一作物的土传病害病原不断累积；改变了土壤微生物区系，抑制了土壤中原有的固氮菌、放线菌、硝化细菌等有益微生物的生长繁殖，使有害微生物积累，破坏了土壤中微生物的生态平衡；还会产生新的病原菌，导致新型病害的发生（图2-6）。

（3）**有毒物质累积**　连作会导致作物自毒作用加剧，使根系分泌释放的有毒物质在土壤中累积，抑制下茬作物生长发育。连作年限越长，自毒作用越严重。

（4）**管理措施不当导致土壤性状恶化**　在连作条件下，单一肥料施入过量等管理不当行为加剧了土壤的障碍，降低了土壤养分的有效性，使土壤理化性状恶化。

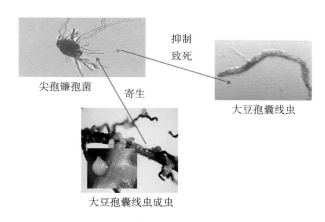

尖孢镰孢菌　　抑制致死　　大豆孢囊线虫

寄生

大豆孢囊线虫成虫

图2-6　尖孢镰孢菌抑制大豆孢囊线虫寄生现象

36.大豆连作减产的原因是什么？

大豆连作减产的主要原因是根部病虫危害严重，由于根系分泌物、根茬分解物、根际微生物的变化使土壤环境恶化，加剧了连作的危害。由于根部病虫害的严重危害及土壤环境的恶化，破坏了大豆根部的正常生理活动，降低了根系生理活力，破坏了共生固氮系统，抑制了根的吸收能力，使植株代谢减弱、生育缓慢，干物质合成与积累减少，大豆产量与品质降低。

37. 东北地区不同等级大豆土壤的质量指数及大豆产量情况是什么？

见表2-2。

表2-2　东北地区不同等级大豆土壤的质量指数及大豆产量情况

质量等级	综合指数均值	大豆平均亩产（千克）
1	0.867 4	235
2	0.844 7	224
3	0.826 7	212
4	0.810 4	199
5	0.792 7	187
6	0.775 4	177
7	0.758 9	166
8	0.740 7	155
9	0.723 4	141
10	0.668 3	128

38. 什么是土壤退化？东北大豆土壤退化的表现有哪些？

土壤退化是指在各种自然、特别是人为因素影响下所发生的导致土壤的农业生产能力或土地利用和环境调控潜力，即土壤质量及其可持续性下降（包括暂时性的和永久性的）甚至完全丧失其物理的、化学的和生物学特征的过程，包括过去的、现在的和将来的退化过程。从退化性质看，土壤退化可分为三大类：物理退化、化学退化和生物退化；从退化程度看，土壤退化可分为轻度、中度、强度和极度。

东北大豆土壤退化的表现：一是土壤结构性变差，表现在土壤板结、土层变薄、土壤容重增大等；二是土壤生物学性质变差，表现在土壤微生物数量减少，由细菌型向真菌型变化，根部土传病害加重；三是土壤有机质含量降低，有效养分含量下降，土壤供肥能力降低，无法满足作物所需，作物产量和质量均开始下降。其中，有机质含量降低可作为黑土肥力下降的重要标志。

39. 黑土肥力退化的原因及定向培育机制是什么？

黑土肥力退化的原因主要包括自然因素和人为因素。自然因素主要有地形因素、土壤质地因素等，因黑土区地形多为坡地，易造成水土流失，是黑土区土壤肥力退化的一个主要原因；人为因素主要由于不合理耕作造成土壤结构破坏、种植制度单一造成黑土养分偏耗、不合理施肥造成土壤肥力下降等问题。

防治黑土肥力退化，应从人为因素入手，因地制宜，建立合理的轮作制度、耕作方式、施肥制度。通过秸秆还田、增施有机肥等措施改善黑土理化性状，提高黑土肥力。通过培肥土壤，减少化肥用量，达到节本增效的目的。针对黑土存在的问题，建立不同退化类型的黑土定向培肥模式：高肥型黑土保育模式（黑土区北部）、岗平地（瘠薄型）黑土修复模式（松嫩平原南部）、坡耕地（侵蚀型）黑土修复的模式、酸化障碍型黑土治理模式。

40. 什么是合理轮作？玉米-大豆轮作对土壤质量和肥料利用效率影响如何？

合理轮作指实行3年以上轮作，即种2年禾谷类作物，种1年大豆，然后再种2年禾谷类作物，再种大豆，不重茬、不迎茬。大豆主产区，在重茬、迎茬不可避免的情况下，可选择肥力比较高的平川地或二洼地种植大豆，并且坚持宁可迎茬种植也要尽量避免重茬的原则。玉米-大豆轮作能充分利用大豆是肥茬作物的特点，通过大豆根瘤自生固氮能力，减少氮肥施入量，提高氮肥利用率；轮作后有利于均衡利用土壤养分和防治病、虫、草害，还能有效地改善土壤的理化性状，促进土壤团聚体的形成，改良不良结构，最终达到调节土壤肥力的目的。

41. 大豆根瘤固氮机制是什么？

大豆根瘤是由大豆根瘤菌在适宜的条件下，侵入大豆根毛后形成的瘤状物（图2-7）。将大豆根系挖出，可以看到它的主

图2-7 大豆根瘤

根和侧根上有许多大小不等的球状瘤体，其较为集中的分布区域是在地表至地下20厘米左右。不同大豆植株上的根瘤数量差异较大，一般为50～200个，数量过多或者过少都会影响其生物固氮效率。大豆根瘤直径一般为4～5毫米，一般为球形，内部为红色、粉红色、褐色、绿色等。其中，红色根瘤为有效的固氮根瘤，其他颜色固氮效率较低。

可使大豆结瘤的根瘤菌株统称为大豆根瘤菌，包括慢生根瘤菌属（*Bradyrhizobium*）、中华根瘤菌属（*Sinorhizobium*）、中慢生根瘤菌属（*Mesorhizobium*）3个属8个种。由于能与大豆结瘤的根瘤菌种类较多，在生产实践中，将慢生根瘤菌属（*Bradyrhizobium*）内的菌株称为慢生大豆根瘤菌，其他的大豆根瘤菌则统称为快生大豆根瘤菌，将存在于土壤中的大豆根瘤菌统称为土著大豆根瘤菌。

大豆根瘤菌固氮机制：与其他种类微生物不同，大豆根瘤菌不仅能与豆科植物结瘤，而且具有生物固氮的功能。大豆根瘤菌细胞呈杆状，有鞭毛和荚膜。它侵染大豆根部形成根瘤，根瘤菌在根瘤中生活的菌体形式呈多样性变化，有梨形、棍棒形或T形、X形、Y形等。这种变形的菌体为类菌体，可将空气中的氮素转化为植物可吸收利用的氨，为豆科植物生长所用。根瘤菌中含有完整的结瘤基因和固氮基因，并能在菌体内正常表达，从而实现与豆科植物的共生结瘤与固氮。

42. 与施用化肥相比，大豆生物固氮的优势是什么？

化学氮肥施用后，除了农作物吸收利用的部分，其余部分则一方面通过土壤中的化学作用而产生气态氮释放到大气中，另一方面在天然降水和灌溉对土壤的淋溶作用下流失，能被植物吸收利用的仅为35%左右。生物固氮，尤其是共生固氮体系，大部分被农作物直接吸收利用，少量的随着分泌过程和根瘤的衰老破溃留在土壤中，给下一季的作物利用，所固定的氮素养分几乎全部被利用。

43. 大豆根系促进土壤水稳性团聚体形成与有机质积累的作用机制是什么？

大豆根区土壤中的丛枝菌根（AM）真菌可促进植物生长及土壤团聚体的形成和稳定。AM真菌通过外延菌丝将土壤机械缠绕在一起，对土壤团聚体形成及抵抗雨水侵蚀有积极作用。AM真菌可增加微团聚体中土壤有机碳（SOC）含量，而微团聚体对SOC有重要的物理保护作用，可为SOC提供更多的物理保护，防止其被土壤生物分解，因此增强了SOC的固持能力。

AM真菌能够分泌球囊霉素相关土壤蛋白（GRSP），其主要成分是蛋白质和碳水化合物，是SOC形成的重要来源，目前已被视为土壤有机碳库的重要组成之一。大豆根系代谢产物球囊霉素相关土壤蛋白是土壤团聚体形成的重要黏合剂，其黏附能力较其他碳水化合物强3～10倍，可将土壤细小颗粒胶结成较大的土壤团粒结构。因而，GRSP作为有机胶结物质对土壤团聚体的形成和稳定具有重要的促进作用。

44. 大豆共生固氮与土壤氮含量的响应关系是什么？

大豆共生固氮与土壤氮含量的响应关系（图2-8）为：大豆根分泌物促进根瘤形成，提高了大豆的固氮效率。大豆共生固氮与增产的土壤速效氮适宜阈值为80～150毫克/千克，平衡点为110毫克/千克。

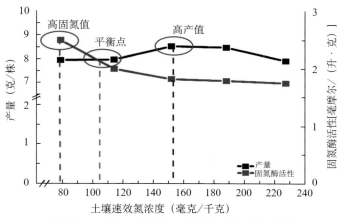

图2-8 大豆共生固氮与土壤氮含量的响应关系

45. 种植大豆的肥田机制是什么？

（1）改善土壤物理结构 大豆根区土壤中的丛枝菌根（AM）真菌可促进植物生长及土壤团聚体的形成和稳定。AM真菌外延菌丝的机械缠绕作用促进土壤水稳性大团聚体的形成。大豆根系代谢产物球囊霉素相关土壤蛋白（GRSP）是土壤团聚体形成的重要黏合剂，对大团聚体改善及稳定性有明显的促进作用，进而提高土壤水分的渗透力和土壤稳定性、多孔结构。大豆根与土壤互作示意见图2-9。

（2）固氮作用 豆科作物与根瘤菌相互作用，形成豆科作物独特的高效生物固氮体系。农业上，根瘤菌-豆科植物共生固氮体系每年固定的氮约为4 000万吨，约占农业体系生物固氮总量的65%，是自然界固氮效率最高的一个体系。

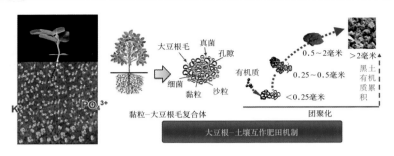

图2-9　大豆根与土壤互作示意

（3）活化土壤养分　大豆根系代谢产物含有一定的有机酸，对土壤磷、钾有明显的活化效应。例如，大豆在土壤磷亏缺后，根系有机酸分泌量显著增加，促进土壤中磷的释放，提高作物对磷的吸收，缓解磷胁迫。

第三部分
大豆土壤障碍消减与地力提升技术

46. 大豆土壤障碍消减主要方法有哪些?

大豆土壤障碍消减主要从土壤酸化消减、土壤营养比例失衡消减、除草剂障碍消减和病虫害消减(障碍成因解析见图3-1)4个方面进行介绍:

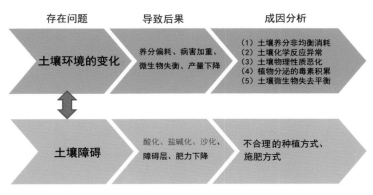

图3-1 大豆农田土壤障碍成因解析

（1）土壤酸化消减 长期预防土壤的酸化,应重视优质有机肥的应用,增加土壤中的有机质含量,科学施肥。同时,重视优质、货真价实的微生物菌肥和土壤调理剂的应用,增加土壤中有益微生物的数量。只有始终保持土壤的肥沃,才能防止土壤的酸化。

（2）土壤营养比例失衡消减 ①科学配方施肥。②增施有机肥。有机肥能增加土壤的腐殖质,有利于团粒结构的形成，改良土壤的通气、透水和养分状况，能将固化的一些营养元素分解释放，补充到土壤中。③喷施叶面肥。叶面肥能准确、及时地将所缺的元素补充给植物，能有效缓解因缺素造成的一些不必要的损失。

（3）**除草剂障碍消减**　①除草剂的施用量应根据实际情况进行确定，工作人员需要以说明书所规定的用量为依据，对除草剂加以应用，不得随意减少或增加药量。在施药的过程中，避免漏喷、重喷等问题的出现。使用质量达标的喷雾机械，在保证雾化效果的基础上，提高施药的质量。施药时期的确定，应以杂草的高低为主要依据。②工作人员应当以需要除去的杂草类型和特点为依据，对除草剂进行选择。一方面，要保证除草效果符合预期；另一方面，还要避免给大豆带来危害。目前，使用频率较高的除草药剂，包括触杀型的除草剂和内吸传导性的除草剂。将二者配合使用，既能扩大清除杂草的范围，保证除草效果，又具有减轻药害的作用，使安全用药、合理用药成为现实。

（4）**病虫害消减**　应该科学进行栽培管理，如合理轮作、及时清理田园和科学施肥等。科学的轮作能够避免病虫害的发生，结合不同地区、不同品种来进行轮作和间作。在每茬作物收获之后，要及时清理田间的病株残体，及时深埋，避免病虫害的传播。在使用化肥的过程中，应该重视对肥料的充分腐熟，因为未腐熟的肥料很容易滋生害虫。在使用有机肥的同时，要结合使用磷肥和氮肥，尤其是氮肥的使用应该科学合理，不能过量使用，一旦过量会导致害虫的发生。

47. 大豆土壤障碍消减地力提升总体思路是什么？

针对大豆土壤障碍消减和地力提升关键问题，应加强黑土演化过程与机理、退化黑土恢复与作物结构调整、耕作制度优化、化肥农药减施与粮食等农业关键技术研究和创新集成（图3-2），形成有利于大豆土壤保护的关键技术体系与综合配套政策。完善和开放黑土研究平台和研究网络，围绕大豆土壤资源可持续利用与保护，重点在黑土科学基础研究、监测监控、应用技术推广等方面开展边研发、边示范、边推广应用的科技策略。坚持因地制宜，实施区域治理。具体分为以下5个方面：

（1）开展东北地区耕地质量调查。

（2）构建农田土壤质量监测网络和研究野外台站两大平台。

（3）开展便捷施用技术，高效、循环利用的"有机肥资源利用"工程。

（4）实施中低产田改良与污染土壤修复的"土壤障碍因子消减"工程。

（5）实施区域治理，推进高标准农田建设的"基本农田地力培育"工程。

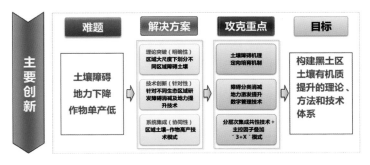

图3-2 大豆土壤障碍消减地力提升总体思路

48. 土壤障碍消减主要路径有哪些?

土壤障碍消减主要路径有以下3种:

(1) 中低产田改良与地力提升 明确中低产田的障碍因子,通过研发各种环境友好型土壤调理剂,消减酸化土壤、次生盐渍化土壤、碱化土壤、潜育化稻田等障碍因子,逐步恢复中低产田的基础地力。

(2) 高产田培育与清洁生产 高产土壤氮、磷含量往往较高,这为作物高产提供了保障。但如果管理不当,导致其挥发、淋溶或径流等,将对大气和水体等生态环境产生不利影响,也不利于氮、磷资源的可持续利用。所以,高产土壤可以通过循环利用有机资源、保护性耕作、轮间作等,保持良好土壤结构和生物功能。在此基础上,进一步调控土壤氮、磷的承载容量,明确氮、磷损失途径,并提出相应阻控技术。

(3) 污染土壤生态修复 针对性地施用土壤修复剂对重金属污染、有机污染土壤进行原位生态修复,重点研究污染物的环境效应、化学行为和归宿,明确典型污染物阈值,提出综合阻控技术。

49. 轮作大豆耕作整地技术有哪些?

通常整地方法有3种:平翻、耙茬、深松。

(1) 平翻 平翻是当前春大豆栽培区普遍应用的用机械将耕作层全面耕翻的一种方法。耕翻深度以20～22厘米为宜,而春翻深度应比秋翻浅5～7厘米。翻地标准应达到田面平整、耕深一致、耕幅一致、回垡一致,并做到不重耕、不漏耕。

（2）**耙茬** 耙茬是浅翻平播大豆的一种方法。耙茬深度一般为12～15厘米。大豆耙茬耕法：前茬为小麦作物时，在春小麦收获后，立即用双列圆盘耙耙地灭茬，采用对角线耙法耙两遍，并在第二年播种前耙细、耙平，达到播种最适宜状态；前茬为玉米、高粱等作物时，对有深翻或深松基础田块，也可在秋季耙茬，拣净茬子，然后耙平、耙细。

（3）**深松** 深松是用凿形犁（也叫深松铲）将土层耕松，但不翻转土层的方法。一般应用的是条状间隔深松，即在垄翻的基础上，或深松垄底或深松垄沟。当土壤水分充足时，可松垄底；当土壤水分不足时，只能松垄沟。垄底深松不宜过深，一般为15～20厘米；垄沟深松可稍深，一般为25～30厘米。

50. 大豆轮作土壤翻耕深度要注意哪些问题？

掌握大豆轮作土壤耕作的合适深度是提高耕地质量、发挥翻耕作用的一项重要技术。耕地深、耕层厚、土层松软，有利于储水保墒。耕层厚而疏松，通气性好，有机质矿化加速。但是，在某些条件下，如在多风、高温、干旱地区或季节，深耕会加剧水分丢失；翻耕过深，易将底层的还原性物质和生土翻到耕层上部，未经熟化，对幼苗生长不利。一般情况下，土层较厚，表、底土质地一致，有犁底层存在或黏质土、盐碱土等，翻耕可深些；而土层较薄，沙质土，心土层较薄或有石砾的土壤不宜深耕。在干旱、多风地区不宜深耕，否则会造成失墒严重，提墒困难。同时，翻地越深，生土翻到地面也越多，不利于作物的生长发育。此外，耕地深度还要根据农机具性能和经济效益而定，一般机械翻地深度以18～20厘米为宜。

51. 什么时候才是大豆土壤翻耕的适宜时期?

翻耕是对土壤的全面作业，只能在作物收获后至下茬作物播种前的土壤宜耕期内及时进行。翻耕有伏耕、秋耕和春耕3种类型。一年一熟或二熟地区，在夏、秋季作物收获后以伏耕为主，秋收作物后和秋播作物前为秋耕主要时间。

我国北方地区伏、秋耕比春耕更能接纳、积蓄伏秋季降雨，减少地表径流，对储墒防旱有显著作用。伏、秋耕比春耕能有充分时间熟化耕层，改善土壤物理性状，能更有效地防除田间杂草，并诱发表土中的部分杂草种子。盐碱地伏耕能利用雨水洗盐，抑制盐分上升，加速洗盐效果。此外，伏、秋耕能充分发挥农机具效能，播前的准备工作也有充裕的时间，赢得了生产的主动权。总之，就北方地区的气候条件及生产条件而论，伏耕优于秋耕，早秋耕优于晚秋耕，秋耕又优于春耕。春耕的效果差主要是由于翻耕使土壤水分大量蒸发，严重影响春播和全苗。

52. 垄作大豆的整地耕作方式有哪些?

垄作大豆创造了人为小地形，可实现抗旱、防涝、增温作用。垄高为14～18厘米，标准垄型为方头垄。一年中，垄型有方头垄、张口垄及碰头垄的垄型变化。垄距60～70厘米，超过这一垄距，抗旱抗涝能力增强，但不能合理密植；小于该垄距，耕层深厚，但不耐旱涝，而且易被冲蚀。根据整地与播种的不同，可分为平翻后起垄、平播后起垄、扣种、灭茬原垄播、原垄卡种等。

53. 平作大豆整地耕作方式有哪些？

自大豆推广窄行密植以来，在生产上平作面积发展迅速。由于平作密植播种出苗后，机车难以进地作业，因此前期整地作业特别重要。其方法有：

（1）**翻耕平作**　小麦或玉米后茬种大豆，在收获后进行伏、秋耕，并及时耙耱，整平耙细，并镇压，达到播种状态。第二年，轻耙破除板结后播种大豆。优点是土壤疏松、耕层深厚。不足之处是作业次数多，机耕费用高，不适宜春季整地作业。

（2）**耙茬平作**　土壤有机质含量高的壤质土或前作有翻地基础、土壤相对疏松的地块，可以用圆盘耙耙茬、耱平后，第二年平播大豆。

（3）**耙茬深松**　在平作地一般以70厘米间隔深松，然后耙地可形成1∶0.8虚实比的耕层结构，第二年平播大豆。

（4）**深松耙松**　在较黏重土壤的平作地上，先深松一个行距内的某个部位，后耙表土，最后深松另一个部位，并耱平，第二年平播大豆。

54. 大豆连作土壤根区微生物调控技术是什么？

针对大豆连作根部病虫害的发生、根际微生态失衡、大豆根瘤固氮的影响途径等方面提出的微生物调控技术，包括利用SN100生防菌剂防治大豆孢囊线虫，促进大豆根瘤结瘤的技术（接种根瘤菌有助于促进豆科作物结瘤固氮，提高了豆科作物的产量和品质。同时，接种根瘤菌可以防止土壤酸化，降低土壤中致病菌的数量）等，可使根腐病发病率降低21.1%，有利于促进土壤的可持续利用和健康发展。

55. 如何改良白浆化大豆土壤障碍？

分布在岗地上的白浆土，以防止水土流失的治理措施为主；分布在低平地区的白浆土，则应注意合理排灌，也可改种水田。在白浆土的改良治理中（图3-3），应着重补充有机质和矿质养分，施用有机肥，实行秸秆还田，以及种植绿肥、牧草和施用泥炭等；白浆土全磷含量低，有效磷含量更低，可增施磷肥；通过深耕打破心土层或逐步加深耕作层，可改善底层透水不良的性状，同时结合有机肥的施用，培肥和加厚白浆土耕层。

- ■ 核心问题：障碍白浆层，心土有机质低，有效磷低，土壤酸化
- ■ 关键技术：机械除障技术，心土培肥技术，增碳调酸技术
- ■ 改良效果：土壤固：液：气 =2.5∶1.5∶1，pH增加1.0～1.7，增加了磷酸酶含量，土壤质量指数提高0.19

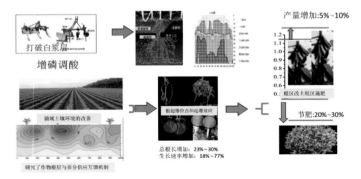

图3-3　白浆土增磷调酸除障技术示意图

56. 如何改良酸化大豆土壤？

在农业上，改良酸化大豆土壤常用的方法有：

（1）施用石灰等碱性物质 石灰在传统农业中应用较为广泛，是较经济、便捷的酸性土壤改良剂。石灰可以中和酸性土壤中的活性酸和潜在酸，缓解铝毒，并生成氢氧化物增加土壤中的钙含量及土壤酶活性。

（2）改良种植制度 长期连作会导致土壤酸化加剧。将豆科作物与禾本科作物轮作或者间作，可减缓豆科作物对土壤的酸化程度。

（3）施用秸秆或生物炭 秸秆还田可将碱性物质带入土壤，而生物炭是由秸秆热解制成，呈碱性，也对酸性土壤具有一定的改良作用。

（4）增施有机肥 有机肥呈碱性，可将盐基离子带入土壤。长期施用有机肥可以缓解土壤酸化，改良酸性土壤。

在实际应用中，可针对不同地区的具体情况将多种改良措施综合应用，起到最佳的改良效果。

57. 大豆连作障碍土壤的消减技术措施有哪些？

（1）解决大豆连作危害的根本途径是坚持合理的轮作。大豆连作的危害程度与土壤类型、有机质含量、水分状况等有直接关系。连作时间越长，危害越重。肥力较高、微酸性的土壤减产幅度小于瘠薄、偏碱性土壤；土壤有机质含量高，减产幅度小。因此，有机质含量高、土壤肥沃的地区可以适当连作。但连作年限不宜过多，尽量减少连作、适当轮作。

（2）选用抗病或耐病品种是减轻连作对大豆产量与品质影响的经济有效的措施。调换大豆品种可使根际微生物得到改变，能有效减轻连作危害。

（3）大豆连作会导致土壤板结，缺少合理团粒结构，肥力下降。合理的耕作可以为大豆根系生长发育创造良好的土壤条件，并减轻病虫害。

（4）有机肥含有较多的有机质，增施有机肥不仅可以平衡土壤养分，还可以改善连作造成的不良土壤环境，是减缓连作产量损失的有效措施。应用微量元素肥料，补充连作土壤元素的不足，以减缓重迎茬危害、增加产量，也是减缓连作土壤障碍的有效途径。

（5）由于连作导致土壤病虫害加重、土壤环境恶化，对大豆生长不利，容易造成缺苗现象。适当增加播种密度是减缓危害的有效措施。

58. 大豆侵蚀土壤如何进行固土保水控制水土流失？

（1）**重点治理坡耕地水土流失**（图3-4）　根据过去50年的治理经验，3°以下的坡耕地主要采取改垄措施，将顺坡垄与斜坡垄改为横垄，顺坡耕作改为等高耕作；3°～8°的坡耕地通过修建梯田和地埂植物带控制水土流失，建设基本农田；8°以上的坡耕地通过坡面工程整地后退耕还林，因地制宜营造水土保持林、用材林、经济林等。

（2）**加强科技投入，采取综合治理方法**　应采取耕作、培肥和工程措施相结合的方法，通过增施有机肥、化肥平衡施用、秸秆还田、深松、宽窄行交替休闲、轮作、保护性耕作、免耕、少耕等措施，增加土壤有机质，改善土壤理化性状和结构，提高地面覆盖，减少对土层扰动，增加抗蚀性，控制侵蚀。

- 核心问题：**土壤侵蚀，保水保肥能力差，土壤有机质下降**
- 关键技术：**区田整地技术，地表覆盖免耕技术**
- 改良效果：**3年保墒蓄水，有机质增加8%～15%，水稳性大团聚体增加30%～38%**

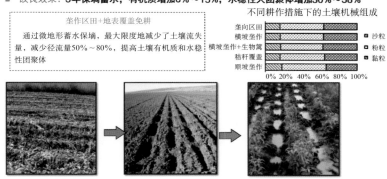

图3-4　坡耕地侵蚀土壤固土保水培肥技术示意图

59. 秸秆快速原位腐解技术的实施方法是什么？

采用秸秆两段式发酵技术，通过卧式发酵罐提温促腐，使秸秆快速发酵腐解；在玉米收获时，将秸秆全部打碎还田，同时抛施腐熟有机肥100千克/亩，配套深松深翻、秸秆免耕覆盖、留茬垄沟种植等耕作措施，使农田中秸秆得到激发而实现原位快速腐解。

60. 玉米-大豆轮作过程中秸秆还田的方式有哪些？

秸秆还田是将作物收获后余留的秸秆直接或堆积腐熟后施入农田土壤中的方法。我国主要的秸秆还田方式有4种：覆盖还田、粉碎还田、堆腐还田、过腹还田。

秸秆还田可改善土壤理化性状、减少化肥投入，达到培肥地力、提升作物产量的目的。同时，秸秆还田可以消耗大量农作物秸秆，避免秸秆资源浪费、解决田间燃烧所产生的环境问题，实现农业的可持续发展。

61. 大豆土壤如何进行地力提升?

　　地力提升可以通过实施大豆土壤的"沃土工程"实现。可以利用培肥措施和配套基础设施建设，对土、水、肥3个资源的优化配置，综合开发利用，实现农用土壤肥力的精培，水、肥调控的精准，从而提升耕地土壤基础地力，使农业投入和产出达到最佳效果，增强耕地持续高产稳产能力。

　　通过揭示限制地力提高的关键过程和因素，寻找有效调控途径；通过中低产田土壤障碍因子消减和次生化过程阻控，恢复中低产田地力；通过有机物转化过程及其驱动因子的调控，增加农田土壤的有机质积累；通过土壤物理化学性状的改善，提高农田土壤水分养分源汇容量和缓冲能力；通过关键生物过程和生态功能的促进，挖掘农田地力提升的生物学潜力，最终实现农田地力的提升。

62. 大豆高产土壤如何进行保育?

　　大豆高产土壤应采取增施有机物料、实施轮作休耕、推广测土配方施肥、深耕等措施，进行生态保育。

　　（1）增施有机物料

　　①秸秆还田。在东北黑土区，秸秆还田方式主要包括秸秆覆盖还田、混土还田和秸秆离田沤制有机肥还田3种方式。

②增施有机肥。土壤施入有机肥可提高土壤养分含量，改善土壤肥力属性，提高黑土表层腐殖化物质含量，有利于黑土层的保育。

（2）实施轮作休耕　轮作休耕是土壤保育的一项重要措施，可纠正"重用轻养"，让土壤在轮作中得到"休养生息"。长期田间实践证明，在东北黑土区实行作物轮作更有利于黑土地保护。豆科作物自身具有很强的固氮能力，全球豆科作物年固氮量高达 1.3×10^8 吨。与禾本科作物如玉米进行轮作，可显著改善土壤的物理属性，提高土壤有机质含量和作物产量。

（3）推广测土配方施肥　合理施用化肥，尤其是与有机肥、微肥、微生物肥料配施，采用"长效+速效+中微量元素"混施技术，保持土壤健康。

（4）深耕　每年秋收后，深耕能够加厚活土层，疏松熟化土壤，改善土壤透气性，加速养分分解，增加土壤蓄水性，提高地力。

63. 东北地区大豆-玉米轮作体系是什么？

2015年《全国农业可持续发展规划（2015—2030）》出台，提出加强黑土地保护、推广粮豆轮作、提升耕地质量的要求。从保护黑土地生态及促进粮豆轮作开展的角度出发，以农民收益和市场价格为导向，对东北黑土区粮豆轮作模式进行调整，使之更符合当地自然条件的要求并具有经济上的可行性，保证政策有效、可持续地实施。

轮作模式选择困难和作物收益差距大等是轮作开展面临的主要问题。大豆播种面积和玉米播种面积之比由 2015 年的

0.4：1上升至2016年的0.6：1，但不同区域差别较大，在目前的单产水平下，玉米-大豆的合理比价为1：2.94。作物比价是影响播种面积变化的重要原因。不同区域适合的轮作模式不同，大豆参与的轮作模式对土壤全氮的保持和提高有重要作用，并能减少温室气体（主要是二氧化碳）的排放；从经济效益来说，南部玉米-玉米-玉米-大豆轮作的产量相对较高，中部各个模式差距较小，北部地区大豆单产更有比较优势。运用综合指数法对不同地区各个种植模式进行生态效益、经济效益加总，认为南部（第一、二积温带）最佳轮作模式是两年或三年玉米＋一年大豆，中部（第三积温带）最佳轮作模式是玉米-大豆一年一轮，北部（第四、五积温带）最佳轮作模式是两年或三年大豆＋一年其他作物。

64. 如何构建大豆土壤肥沃耕层?

肥沃土壤耕层使土壤具有一定的容重保持和调节能力，协调土壤的水、肥、气、热条件。秸秆还田、施用有机肥、种植绿肥作物、合理轮作等，都是当前培育和构建土壤肥沃耕层的有效措施；农田土壤肥沃耕层的构建旨在解决东北黑土土壤黏重、犁底层过厚、耕层太浅、水热气交换不良和影响根系正常生长发育，使粮食单产不高、总产不稳的问题，根据地域特点选择适宜的轮作制度，配合耕作方式、秸秆还田、有机肥施用等，集成有针对性的技术模式，是当前土壤耕层培育的新途径。

肥沃土壤耕层构建可每10年进行一次，一次深松受益10年。在常规耕作的基础上再向下深松15厘米，即打破犁底层并向其中添加秸秆、有机肥和化肥为前提，提出了构建黑土肥沃深厚耕层的方法。具体实施方案为：

（1）秋季，将玉米秸秆粉碎使其长度在1.5厘米以下。

（2）将表层0～20厘米深度的土壤翻开，将粉碎好的玉米秸秆均匀撒在翻开后的土层上，玉米秸秆的投放量为每公顷干重7 000～8 000千克。

（3）用深松铲将20～35厘米深度的土壤连同粉碎好的玉米秸秆深松混匀。

（4）将0～20厘米深度翻开的表土复原，在复原后的土壤上进行起垄，待来年春天播种。

本技术在生产中通过深松打破犁底层或障碍层，在深松的同时放入玉米秸秆，起到了隔离黏土之间的作用，每个细小的秸秆就会成为一个土壤孔隙，使土壤疏松多孔，形成了人工团聚体，改善了土壤的物理性质，促进作物根系生长发育，达到了高产的作用。

65. 如何培育健康的大豆土壤？

具有生命活力和稳定持续功能的土壤才是健康土壤。土壤健康主要考虑土壤的物理、化学、生物学特性及生态效应，综合国内外学者对土壤健康标准的分析，土壤健康的内涵主要包括：

（1）土壤结构良好，养分平衡，养分含量高且养分有效性高，有利于植物吸收利用，土壤生产力高。

（2）土壤生物群落多样化，能在一定程度上抵御土传病害，土壤生物生态系统运作良好。

（3）能够改善水和大气质量、维护生态环境平衡，具有一定程度的抵抗污染物的能力，间接地促进植物、动物和人类健康。

66. 大豆土壤地力提升的经济效益、社会效益和生态效益具体表现在哪些方面？

大豆土壤质量的优劣不仅直接影响农产品产量，而且对农产品品质有着重大而深远的影响。

（1）经济效益　基础地力产量越高，地力对作物施肥产量贡献率越大。大大提升土壤肥效利用率，节约农民施肥成本，实现严控化肥用量的目的。随着基础地力的提升，作物施肥产量差降低。基础地力越高的土壤在施肥和良好管理下其施肥产量的可持续性和稳定性越高，有利于农民收益增加和农业产业的健康可持续发展。

（2）社会效益和生态效益　提升耕地地力质量，围绕着实现农业可持续发展这一原则，提升耕地地力质量的科普宣传工作，良好的社会氛围让民众意识到耕地地力提升的重要性。同时，做好保护耕地与环境保护的关系宣传，做好保护耕地与农作物产量和质量提升关系的宣传，大大提升耕地地力质量。改革重施化肥的思想观念，做到重施有机肥、巧施化肥，实现绿色环保可持续发展。加强耕地质量建设与管理，提升耕地质量，对我国粮食安全、环境安全和生态安全，具有重大的战略意义和长远意义。

第四部分
大豆施肥与养分管理

67. 大豆的需肥特点是什么?

大豆是需要矿质营养数量多、种类全的作物。大豆生长所需量最多的是氮、磷、钾,其次是钙、镁、硫,需要的微量元素包括是铁、锰、锌、铜、硼、钼、氯等,所有这些元素在大豆产量形成中都是不可或缺的。

大豆对养分的吸收与积累有两个特点:大豆的营养生长与生殖生长并行(图4-1),开花始期对氮、磷、钾的吸收量只占吸收量最高时期的$1/3 \sim 1/4$,直到结荚期其吸收量为最高点;在大豆生育期中,后期的营养供应尤为重要,大豆茎叶中的氮、磷、钾转移率较低,豆荚中所含的氮、磷元素大部分是在成熟过程中由根部供给。

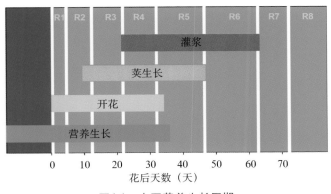

图4-1 大豆营养生长周期

68. 大豆的需肥规律有哪些?

大豆是需肥较多的作物，每形成100千克大豆子实需要氮素6.6千克、磷素1.3千克、钾素1.8千克，相当于19.4千克硝酸铵、7.2千克过磷酸钙、3.6千克硫酸钾的养分含量。大豆根瘤固定的氮，能满足大豆所需要氮素的1/3～1/2。大豆在不同的生育期吸收氮、磷、钾的数量不同（图4-2）。出苗到开花期吸收的氮占一生吸收氮量的20%左右、磷占15%左右、钾占30%左右；开花期到鼓粒期吸收氮为55%左右、磷50%左右、钾60%左右；鼓粒期到成熟期吸收氮为25%左右、磷35%左右、钾10%左右。由此可见，大豆各生育时期都需要相当数量的氮、磷、钾营养。试验表明，播种期增施肥料能提高根的吸收能力，促进营养体生长，增加分枝数和节数；花期增施肥料可以增大叶面积，增进营养体的生长和花器官的形成；鼓粒期养分充足，有利于籽粒饱满；大豆对氮的吸收量，从始花期至结荚期，占一生总吸收量的1/2。所以，花期追施肥有明显的增产效果。大豆对磷的吸收虽然以开花结荚期最多，但苗期磷素营养十分重要。所以，磷多作底肥和种肥施用。大豆幼苗至开花结荚期对钾的吸收量占一生吸收量的90%。所以，钾肥也应作基肥或种肥施用。除氮、磷、钾外，钼在大豆生育中也有重要作用，主要是促进大豆根瘤的形成和发育，增强其固氮能力，还能增强对磷的吸收和转化。大豆需钙也较多，钙的作用主要是促进生长点细胞分裂，加速幼组织的形成和生育。同时，钙还能消除大豆体内过多草酸的毒害作用。

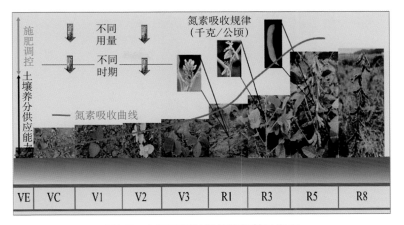

图4-2 大豆不同时期施肥调控示意图

注：VE指出苗期、VC指子叶期、V1指第一节龄期、V2指第二节龄期、V3指第三节龄期、R1指开花始期、R3指结荚始期、R5指鼓粒始期、R8指完熟期。

69. 大豆怎样进行田间管理？

大豆生育期内的田间管理可分为苗期管理、开花期管理、鼓粒期管理。在大豆苗期，当大豆幼苗全部萌发后，应开始间苗，剔除病苗及弱苗。应在苗齐后及早进行，一般间苗2～3次。大豆开花期田间管理主要为了保障大豆的生长，防止倒伏、增花保荚。在初花期，应完成大豆第三次除草，及时起大垄，中耕深度10厘米，培土不超过第一复叶节；有灌水条件的地方，在大豆初花期，当土壤含水量低于65％时，应及时进行灌溉，以喷灌方式为佳。大豆鼓粒期田间管理的主要目标是加速鼓粒增粒和增重。在大豆生长后期，由于气温高、湿度大，行间杂草发育快，生长高大，与大豆争水、争肥，必须及时清除；在生育后期，如发现脱肥现象，可用尿素与磷酸二氢钾叶面喷施，以保证籽粒饱满；在结荚初期，采用增产促熟作用效果显著的作物生长调节剂进行叶面喷施，增进大豆干物质的积累，提高品质及产量；在大豆鼓粒期如遇干旱，应及时灌水，以喷灌方式最佳。

70. 大豆生育期怎样科学施肥？

（1）**大豆的吸肥规律**　大豆生长发育分为苗期、分枝期、开花期、结荚期、鼓粒期和成熟期。全生育期90～130天，其吸肥规律为：①吸氮率。苗期和分枝期占全生育期吸氮总量的15%，分枝期至盛花期占16.4%，盛花期至结荚期占28.3%，鼓粒期占24%。因此，开花期至鼓粒期是大豆吸氮的高峰期。②吸磷率。苗期至初花期占17%，初花期至鼓粒期占70%，鼓粒期至成熟期占13%。因此，大豆生长中期对磷的需要量最多。③吸钾率。开花前累计吸钾量占43%，开花期至鼓粒期占39.5%，鼓粒期至成熟期仍需吸收17.2%的钾。可见，开花期至鼓粒期既是大豆干物质累积的高峰期，又是吸收氮磷钾养分的高峰期。

（2）**大豆的施肥技术要点**　大豆的施肥体系一般由基肥、种肥和追肥组成。施肥的原则是既要保证大豆有足够的营养，又要发挥根瘤菌的固氮作用。因此，无论是在生长前期或后期，施氮都不应该过量，以免影响根瘤菌生长或引起倒伏。但是，也必须纠正那种"大豆有根瘤菌就不需要氮肥"的错误概念。施肥要做到氮、磷、钾等大量元素和硼、钼等微量元素合理搭配，迟效肥、速效肥并用。

基肥施用有机肥是大豆增产的关键措施。在轮作地上，可在前茬粮食作物上施用有机肥，而大豆则利用其后效，有利于结瘤固氮，提高大豆产量。在低肥力土壤上种植大豆，可以加过磷酸钙、氯化钾各10千克作基肥，对大豆增产有好处。

种肥一般每亩用10~15千克过磷酸钙或5千克磷酸二铵作种肥，缺硼的土壤加硼砂0.4~0.6千克。由于大豆是双子叶作物，出苗时种子顶土困难，种肥最好施于种子下部或侧面，切勿使种子与肥料直接接触。

追肥实践证明，在大豆幼苗期，根部尚未形成根瘤时或根瘤活动弱时，适量施用氮肥可使植株生长健壮，在初花期酌情施用少量氮肥也是必要的。氮肥用量一般以亩施尿素7.5~10千克为宜。另外，花期用0.2%~0.3%的磷酸二氢钾水溶液或过磷酸钙水根外喷施，可增加籽粒含氮率，有明显增产作用；花期喷施0.1%的硼砂、硫酸铜、硫酸锰水溶液可促进籽粒饱满，增加大豆含油量。

71. 大豆土壤养分管理应用什么原理建立模型?

大豆养分专家系统是以东北地区多年多点的肥料利用效率试验为数据依托，以土壤基础养分供应表征土壤肥力，同时利用QUEFTS模型推导出大豆最佳养分需求量（图4-3），

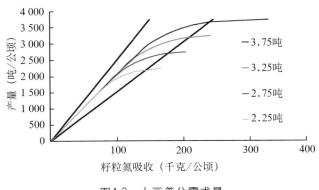

图4-3　大豆养分需求量

将土壤、耕作、施肥、秸秆还田等综合因素全部定量化表征在系统中。

72. 基于大豆产量反应与农学效率的养分管理系统是如何实现优化施肥的?

养分管理系统和专家系统是依据多年多点田间试验数据库建立的预测模型，经过不断验证后，能够实现在界面输入目标产量和肥料使用地区的养分状况等数据后，经过计算得出的适宜于当地的推荐大豆化肥用量。其养分管理系统，将当季作物产量、土壤状况、前茬作物产量与施肥情况、秸秆还田、有机肥投入等多方面综合考虑，同时将区域气候因素、灾害发生频次作为产量评定负面因素，从多方面优化施肥参数，达到精准施肥的目的。

73. 如何实现东北黑土区养分管理?

东北黑土区耕地土壤面积大，土壤类型丰富，气候特点变化较大，没有一种方式能解决所有土壤养分管理问题。所以，要通过测土配方施肥、土壤耕地地力评价、养分专家推荐以及地理信息系统实现东北黑土区养分管理。其中，以多年测土施肥数据为基础，通过地理信息系统，将现有数据以及各地推荐施肥量综合考虑，作为养分管理的主要措施，与耕地地力评价相结合，将数据通过地理信息系统进行现有数据覆盖。在土壤测试不能覆盖的区域，通过养分专家系统推荐作为补充，解决未能测土配方地区养分管理问题。同时，利用系统反馈，继续修正推荐施肥参数，完成东北黑土区全覆盖问题。

74. 养分专家系统推荐施肥与测土配方施肥有何不同?

测土配方施肥是现阶段农业推广及农化服务部门用于推荐作物施肥的主要技术手段,通过肥料利用效率试验与经验确定施肥参数。同时,利用化学手段对土壤氮、磷、钾主要有效元素进行测定,通过测定值推荐施肥用量。但是,其方法成本高,不能够大面积覆盖。同时,土壤样品采集及分析过程人为影响因素大,导致测土配方施肥具有一定局限性。

养分专家系统推荐施肥,以多年多点大数据为依托,通过作物养分吸收模型推导出作物养分最佳需求量。除了考虑到土壤养分供给情况外,还考虑到秸秆还田、轮作施肥、上季残茬、根瘤固氮等多方面因素,有无土壤测试条件下均可使用。该方法时效性强、应用范围广、准确度高,对于农技推广人员和农户来说使用更加便捷。

75. 玉米-大豆轮作条件下如何施肥实现均衡增产?

由于农作物价格因素,现阶段东北地区旱田作物以玉米为主。但是,由于连作导致耕层土壤环境变差,通过玉米-大豆合理轮作能够有效解决连作导致的产量影响。东北地区根据区域特点通常有几种轮作方式:玉米-玉米-玉米-大豆、玉米-玉米-大豆、玉米-大豆。与大豆相比,玉米施肥量较高,尤其在氮肥的使用上。如果玉米实施秸秆还田,而下茬作物是大豆时,在大豆季通常不施用氮肥,或少量氮肥也能够达到高产或稳产的效果。通过减少当季肥料的投入,进而增加大豆季的整体收入。

76. 哪些前茬作物适宜种大豆，哪些前茬作物不适宜种大豆？

适宜种大豆的前茬作物有玉米、春小麦、高粱、谷子、马铃薯以及经济作物中的亚麻等。不适宜种大豆的前茬作物有荞麦、甜菜、向日葵等，因为荞麦和甜菜为前作，大豆产量较低；而向日葵为前作，大豆土传病害较重。

77. 玉米-大豆轮作后，大豆根瘤菌丰度等如何变化？

玉米-大豆轮作后，大豆根瘤菌丰度增加，固氮效率提高，根瘤共生固氮互促能力增强；轮作根腐病病情指数较连作4年降低，根部大豆孢囊数较连作大豆降低，而根际、根区细菌数较连作大豆丰富。

78. 大豆缺素的表现如何？

大豆缺素症状见图4-4。大豆缺氮时，植株矮小，下部叶片呈淡绿色，并逐渐变黄。严重缺氮时，植株生长停止，叶片逐渐脱落。

大豆缺磷时，叶色变深，呈浓绿色或墨绿色，叶形小，尖面，且向上直立。植株瘦小，根系不发达，生长缓慢。严重缺磷时，茎可出现红色。开花后缺磷，叶片上出现棕色斑点。

大豆缺钾时，老叶边缘变黄，逐渐皱缩向下卷曲，但叶片中部仍保持绿色，而使叶片残缺不全，根系发育不良。生育后期缺钾时，上部小叶柄变棕褐色，叶片下垂而枯死。

大豆缺镁时，较老叶片上出现灰绿色，叶脉间发生黄褐色点。严重缺镁时，组织甚至坏死。

　　大豆缺钼时，由于氮素代谢失调而叶变成浅绿色，根瘤发育不良，固氮作用也减弱。

　　大豆早期缺钙，胚叶的基部会产生大量黑斑，胚叶叶缘呈黑色，叶片斑纹密集，节间缩短，茎秆木质化。晚期缺钙时，叶色黄绿带红色或淡紫色，落叶迟缓。

缺氮　　　　　　　　　　　　缺磷

缺钾　　　　　　　　　　　　缺镁

缺钼　　　　　　　　　　　　缺钙

图4-4　大豆缺素症状

79. 如何施用有机肥及其对大豆连作土壤的作用？

生产实践表明，有机肥施用较多、土壤有机质含量高的连作土壤，减产幅度就小。例如，黑龙江省北部以及东北地区开荒较晚、有机质丰富的地块，在大豆连作条件下的减产幅度较小。因此，施用有机肥是一项可以缓解或控制连作危害的农艺措施。有机肥料中含有丰富的微量元素，可为植株提供较全面的养分，并且提高土壤肥力，增加团粒结构，改善耕性，增加土壤有益微生物总量，调节土壤的水、肥、气、热状况，增强土壤透水蓄水性能，起到了既肥土又促进作物健康生长的双重作用。故在连作地块，应大力推广秸秆还田和种植绿肥作物等养地肥田措施。要合理使用化肥，氮、磷、钾和各种微量元素肥料搭配施用，并坚持测土配方施肥，在大豆苗期和花期应适时追施氮肥，可起到增产效果。同时，在连作土壤上增施钾肥、适量施用各类微肥，如多元微肥、硼钼微肥等，均能够获得不同程度的增产效果。

80. 东北大豆如何进行区域科学施肥？

科学施肥的原则：氮肥实时监控，磷、钾因缺补缺，同时将有机肥和无机肥相结合，适时合理追肥。

（1）注重以大豆为轮作体系，粮豆轮作周期开展，实施免耕、少耕以及秸秆还田等措施并重　有条件的地方适当补充腐熟好的农家肥或商品有机肥，提高土壤有机质，改善土壤结构，培肥地力。

（2）平衡施用化肥　采用测土配方施肥技术，氮、磷、钾合理搭配。根据现阶段东北地区土壤状况和目标产量，一般每公顷施肥量按纯氮30～55千克、五氧化二磷45～75千克、氧化钾30～60千克，施用时折合成所用化肥的实际用量。同时，增施中、微量元素肥料，每公顷施用硫酸锌15～30千克；缺硫地块还应增施硫肥，每公顷施用纯硫20～50千克。

（3）采用科学的施肥方法　科学施肥方法即分层施肥，也就是基肥深施、种肥浅施。分层施肥适宜的分配比例如下：底肥为氮、磷、钾化肥总施用量的3/4；种肥为氮、磷、钾化肥总施用量的1/4。具体方法如下：

①种肥。氮、磷、钾化肥总施用量的1/4和部分中微量元素肥料作种肥，施于种下3～5厘米。切忌种肥同床，以免烧种。

②底肥。氮、磷、钾化肥总施用量的3/4作底肥，施于种下8～12厘米。一般与有机肥一起结合秋翻整地一次施入。

③追肥。包括根部追肥和根外追肥。根部追肥是指大豆开花结荚期，在土壤肥力较差的地块，当底肥和种肥满足不了大豆生长发育要求、大豆植株长势较弱时，通过根际或者根外追肥。

81. 大豆开花结荚期田间管理关键技术措施有哪些？

（1）巧施花荚肥　在土壤肥力较差的地块，当大豆植株长势较弱时，多采用铲完最后一遍地时，将肥料均匀地施于豆株侧。追肥时，注意不要碰到叶片上，也不要紧靠根部，然后进行趟地覆土。也可在开花始期或结荚期进行根外追肥，即叶面施肥。每公顷用5.0～7.5千克尿素和1.0～1.5千克磷酸二氢钾兑水500千克，叶面喷施。

（2）及时灌溉　在大豆开花结荚期如干旱无雨，应该根据土壤墒情适时灌水，或根据田间植株叶片表现情况灌水。当植株叶片早晨尚坚挺、近中午叶片有萎蔫表现时，就应及时灌水，或在傍晚进行。灌水方法可采用沟灌、喷灌或滴灌，有条件的地方最好采用喷灌，每次灌水量为 30 ～ 40 毫米。

（3）喷施生长调节剂　在土壤肥力较高的条件下，有些品种由于前期栽培管理不当，会出现徒长倒伏现象。因此，需要采取喷洒生长调节剂等措施进行补救。

（4）及时防治病虫害　大豆开花结荚期的病虫害较多，如大豆蚜虫、大豆灰斑病及大豆菟丝子等。此时期应特别重视做好病虫调查，及时采取有效措施进行防治。

82. 连作大豆如何实现增碳调磷高效施肥？

针对大豆连作养分偏耗，提出以增碳调磷为主体的根瘤菌施用、花期追氮、硼钼微肥增效、人工智能＋养分管理推荐施肥的技术，可充分发挥大豆根瘤固氮节肥潜能，使大豆共生固氮能力提高 30%、肥料利用率提高 15% 左右。

第五部分
农化产品

83. 什么是大豆根瘤菌剂？大豆根瘤菌剂应用方法是什么？

大豆根瘤菌剂是微生物肥料产品中的一种，含有一定数量的活体大豆根瘤菌，能在大豆根部结瘤与固氮，为大豆植株提供氮素养分。为使接种的大豆根瘤菌剂获得好的效果，必须选用与大豆品种相匹配的根瘤菌产品。目前生产上应用大豆根瘤菌接种大豆种子的方式通常是拌种、喷施和种子包衣等方式。

84. 有机肥对土壤肥力的影响如何？

有机肥应用前后作物生长效果对比见图5-1。一方面，施用有机肥可以显著改善土壤的物理性状，提高土壤水分有效性，降低旱地耕层土壤容重，增加土壤孔隙度，增加总孔隙度和物理性黏粒含量；另一方面，施用有机肥可以增加土壤供肥容量，为土壤带来大量的外源有机质，加快腐殖酸对土壤养分的活化速度，提高土壤养分含量，保持速效养分供应平衡，提升土壤中大量元素及中微量元素的有效性。有机肥还为土壤微生物的活动提供必备的碳源、氮源，促进微生物的生长和繁殖，增加微生物数量和活性，优化土壤微生物群落的结构和功能。但是，有机肥对土壤肥力的影响是一个长期的过程，且由于有机肥的主要原料为畜禽粪便，其施用存在增加土壤中重金属含量的风险。因此，施用时应选择符合生产标准的有机肥，合理选择用量，以降低对土壤污染的风险。

应用前　　　　　　　　　　　　应用后

图5-1　有机肥应用前后作物生长效果对比

85. 什么是生物有机肥？

生物有机肥是指以畜禽粪便、秸秆、农副产品和食品加工的固体废物、有机垃圾以及城市污泥等为原料，配以多功能发酵菌种剂加工而成的含有一定量功能性微生物的有机肥。所含微生物主要为分解菌、固氮菌、解磷菌和解钾菌等。与传统有机肥相比，生物有机肥由于添加了特定微生物，在改善土壤肥力、促进作物生长方面具有针对性，肥效更佳。

86. 秸秆腐熟剂的作用是什么？

秸秆腐熟剂的作用机理其实就是有机物的微生物分解代谢

原理，对农作物秸秆的腐解具有一定的辅助作用。秸秆腐熟剂中含有大量的酵母菌、霉菌、细菌和芽孢杆菌等。其大量繁殖能有效地将作物秸秆分解成作物所需的氮、磷、钾等大量元素和钙、镁、锰、钼等中微量元素，能够有效改良土壤团粒结构，提高土壤通气和保肥保水功能，并且能产生热量和一定量的二氧化碳，从而改善植物的生长环境并促进秸秆循环的有效利用。

87. 什么是秸秆两段式还田？

秸秆两段式还田图解见图5-2。将作物收获后的秸秆利用罐式发酵设备快速腐熟，生产秸秆有机肥和秸秆发酵激发制剂，腐解时间在一周左右。在秸秆还田的条件下，将秸秆有机肥施入田间，激发田间秸秆快速腐解，配合秸秆腐解制剂，再深翻或耙茬，促进秸秆原位腐解。田间原位腐熟时间可缩短30～50天，解决了东北地区秸秆连年还田量大、低温条件下原位难以腐解的问题。

卧式发酵快速腐解　　　　　有机肥激发秸秆原位还田

图5-2　秸秆两段式还田图解

88. 什么是微生物肥料? 微生物肥料的种类有哪些?

微生物肥料是指以微生物的生命活动为核心,使农作物获得特定的肥料效应的一类肥料制品。微生物的种类和功能繁多,由此开发出了多种不同功能、不同用途的肥料。按不同的微生物功能和肥效,微生物肥料可划分为营养型、分解型、促生型、抗逆型4种。其中,营养型微生物肥料包括根瘤菌肥、固氮菌肥等,其作用是可增加土壤氮素和作物氮素。分解型微生物肥料包括有机磷细菌肥料、钾细菌肥料、菌根真菌肥料等分解土壤有机质、矿物质的微生物肥。促生型微生物肥料可刺激植物生长。抗逆型微生物肥料可增加作物根系抗逆能力。此外,还可由不同功能的微生物肥料组合或搭配有机肥生产有机型微生物复合肥料。

89. PGPR微生物肥料的特点及作用如何?

PGPR根圈促生菌(plant growth-promoting rhizobacteria)是指在植物根圈范围中,对植物生长有促进作用、对病原菌有拮抗作用的有益微生物的统称。PGPR微生物肥料主要包含芽孢杆菌、根瘤菌、解磷解钾菌等,可将有机物分解为小分子便于作物吸收利用,产生代谢产物加速作物生长;还可将化肥施入土壤后被固定的磷、钾等元素活化以供植物系利用,如解磷解钾菌。概括来说,PGPR微生物肥料可通过调控作物激素、产生挥发性有机物、改善营养素的有效性,起到促进作物生长、提高非生物胁迫抗逆性、提高作物品质的作用。

90. 大豆障碍土壤调理制剂有哪些？

　　对于东北大豆土壤的侵蚀退化、白浆土障碍，可采用使白浆土心土活化、侵蚀土壤裸露母质层熟化的土壤熟化剂，以有机无机复合材料为核心，促进土壤母质快速熟化，增加土壤养分、快速恢复土壤化学肥力。针对东北大豆连作障碍区的土壤酸化及大豆根区微生物失衡问题，可采用以生物炭为载体的酸化土壤炭基改良剂进行土壤改良调理（土壤调理制剂使用效果对比见图5-3），使土壤pH提升；同时，配合以抑病、营养、

连作障碍土壤调理效果对比

白浆土调理效果对比

图5-3　大豆障碍土壤调理制剂使用效果对比

共生为核心的功能微生物制剂进行根区调控，可降低大豆连作病害，培育健康的土壤微生物区系。

91. 大豆保花保荚叶面肥的功能是什么？

当前市面上的大豆保花保荚叶面肥主要通过叶面喷施，快速补充氨基酸、磷、钾、硼、锌、钼等大量元素和微量元素，对保花保荚有良好作用。大豆保花保荚叶面肥可提高大豆抗逆能力、抗病能力和固氮能力，使大豆茎粗节密、根系发达，促进授粉，结荚多、结荚能力强，同时提高大豆籽粒品质。

92. 大豆叶面肥的功能及种类有哪些？

大豆叶面肥是以铁、硼、锰、锌、镁、钼、钙等多种微量元素为基础的调节型农化产品。具有抗大豆倒伏、抗涝、抗重茬、解药害、促进根系发育、保花保荚的作用，可提高大豆的产量。目前，大豆叶面肥可分为复合型叶面肥、营养型叶面肥、植物类叶面肥、生物型叶面肥4类。其中，营养型叶面肥中含有氮磷钾以及微量元素，一般用于作物生长后期的养分改善及补充。植物类叶面肥即植物生长调节剂，含有调节植物生长的物质，如生长素、多聚磷酸铵、钙、镁、钼、铁、硼等，这类叶面肥主要是在作物生长的前中期使用。生物型叶面肥中含有微生物及其代谢物，如氨基酸、核苷酸、核酸类物质，主要功能是刺激作物生长、促进作物代谢、减轻和防止病虫害的发生等。复合型叶面肥是多种对于植物生长有促进作用的结合，在肥料的基础上，可包含杀菌、除草、除虫药剂或多种微生物等。

93. 喷施大豆叶面肥的注意事项有哪些？

（1）**正确选用肥料种类** 例如，若大豆生长缓慢、矮小，叶色发黄，则为缺氮的表现，叶面喷肥应以氮为主；反之，若植株高大、嫩绿、节间长，氮素营养充足，叶面喷肥就应改为以磷、钾为主。

（2）**适度调节叶面肥浓度** 在温度较高时叶面喷肥，应选用适宜浓度范围内的较低浓度；在大豆苗期，喷肥的浓度要适当低一些；大豆出现脱肥缺素症时，浓度要适当高一些；喷施微量元素肥料浓度宜低一些，喷施常用元素肥料浓度可适当高一些。

（3）**把握叶面肥喷施时间** 在生长发育中后期叶面积较大时喷肥，效果最好。钼肥宜在大豆开花前喷施，硼肥和锌肥则宜在大豆初花期喷施效果最好。进行喷施作用时，应选取无风的阴天或晴天进行喷施，晴天喷施时避开烈日高温时段，选择早晚喷施。若喷肥时叶片上有水珠或露珠，会降低肥液浓度，达不到施肥效果。若在烈日高温时喷肥，空气湿度小，不仅肥液挥发浪费多，而且肥液喷施后很快变干，叶片难以吸收，会使肥料利用率降低。

（4）**合理控制喷施次数** 叶面喷肥的次数并不是越多越好。一般整个生育期喷施2～3次，且每次喷施一般应间隔7天以上。对微量元素肥料，喷施次数不可过多，浓度不可过大。

94. 补充大豆微量元素的主要措施和产品有哪些？

大豆生长发育过程中需要多种微量元素，其中较为重要的有钼、硼、锌、锰等。一旦出现某种元素缺乏的现象，就会引起相应的病症（图5-4），影响植株的正常生长和产量。大豆微量元素的补充可通过基施、追肥、浸种、拌种、叶面喷施来实现，其中叶面喷施作用快、吸收利用效果好，是较为常用的大豆微量元素补充措施。当前应用较为普遍的大豆微量元素叶面肥主要有液体硼/硼砂、钼酸铵、硫酸锰、硫酸锌/糖醇螯合锌及其他含中微量元素肥料。

大豆缺钼　　　　　　　　　　大豆缺铁

图5-4　大豆生长发育过程中缺素症状

95. 大豆种衣剂的主要作用是什么？

大豆种衣剂是集杀虫剂、杀菌剂和微肥于一体的包衣剂，具有综合防治病虫害（图5-5）、补充作物营养、提高作物抵御

褐斑病　　　　　　　根腐病　　　　　　　蚜虫

图5-5　大豆种衣剂可防治的病虫害

自然灾害的能力等多种功能。种衣剂在大豆播种后可在种子周围形成保护屏障，阻挡病虫害，通过缓慢释放可被植株吸收并传输到地上部位，实现长期防治。应用大豆种衣剂还可促进大豆增长，增加根瘤数量，改善大豆品质，提升大豆产量。

96. 目前市场上的大豆种衣剂主要有哪些类型？

目前市场上的大豆种衣剂主要为悬浮种衣剂，主要成分为吡虫啉、咯菌腈、噻虫嗪、苯醚甲环唑、精甲霜灵等。其中，吡虫啉、噻虫嗪的主要功能为杀虫；精甲霜灵对低等真菌（如腐霉、绵霉等）引起的多种土传病害有较好的防效；咯菌腈可防治子囊菌、担子菌、半知菌等多种病原菌引起的种传病害和土传病害；苯醚甲环唑对子囊菌、担子菌、半知菌等病原菌有良好的防治效果，可预防大豆根腐病的发生。大豆种衣剂在有效成分的选用上，有的为单一成分，也有多元复配型种衣剂。吡虫啉是最常见的，也是应用最为普遍的单一成分大豆种衣剂；复配型大豆种衣剂常见的组合主要有精甲霜灵＋咯菌腈、苯醚甲环唑＋咯菌腈＋噻虫嗪、噻虫嗪＋咯菌腈＋精甲霜灵等，总有效成分一般在25%～35%之间。

第六部分
大豆高产高效模式

97. 大豆障碍土壤改良模式有哪些?

以障碍因子分类消减＋地力提升为核心的大豆高产高效综合技术模式见表6-1、图6-1。

（1）北部大豆连作障碍区：消减与保育调菌调酸"双调"模式 该模式以调控土壤微生物区系和理化性质为目标，通过建立功能菌剂调控和生物炭调酸关键技术，配套大豆-玉米轮作条件下的秸秆深还和腐熟剂激发秸秆还田技术模式，可使黑土区北部大豆增产10.4%，玉米增产8.5%。

表6-1 黑土区地力提升技术模式及应用效果

技术模式	解决问题	关键技术和配套技术	应用效果（推广区域）
北部大豆连作障碍区：健康土壤保育"双调"模式	土壤酸化、微生物区系失衡	增施功能菌剂和生物炭调酸为关键技术，大豆-玉米轮作、秸秆深还和低温促腐为配套技术	秸秆腐解速率加快15%～20%，氮肥利用率提高10%，pH增加0.2～0.4，玉米、大豆增产8.5%和10.4%
中部侵蚀退化区：土壤修复与培肥"双保"模式	土壤有机质含量低、保水保肥差	土壤保水和有机替代为关键技术，大豆-玉米轮作、免耕和秸秆深混为配套技术	土壤有机质提高20%～30%，玉米、大豆增产8.8%和10%

（续）

技术模式	解决问题	关键技术和配套技术	应用效果（推广区域）
东部白浆土障碍区：改土与地力提升"双改"模式	白浆层酸、瘦、硬	炭基改土和机械改土为关键技术，大豆-玉米-玉米轮作轮耕和秸秆深翻轮还为配套技术	土壤有机质提高15%～35%，玉米、大豆增产9.1%和8.4%
南部瘠薄干旱区：肥沃耕层构建"双增"模式	耕层薄、土壤有机质含量低	翻耕、免耕、浅耕组合和秸秆深混、覆盖、浅混为关键技术，大豆-玉米-玉米-玉米轮作和深松保水为配套技术	土壤有机质提高20%～40%，玉米、大豆增产8.1%和10.8%

连作障碍"双调"模式　　　　侵蚀退化"双保"模式

白浆土"双改"模式　　　　瘠薄干旱"双增"模式

图6-1　玉米-大豆一个轮作周期改良前后技术模式对比
　　　　（左：应用前，右：应用后）

（2）中部侵蚀退化区：修复保水保肥"双保"模式　该

模式以保水、保肥为目标,通过建立土壤保水和有机替代关键技术,配套大豆-玉米轮作条件下密植和免耕覆盖技术模式,可使该地区大豆增产10%,玉米增产8.8%。

（3）东部白浆土障碍区:地力提升大小尺度改土"双改"模式 该模式以障碍层和土壤理化性状改良为目标,通过建立土壤调理剂改土和机械改土关键技术,配套大豆-玉米-玉米轮作条件下的轮耕和秸秆深翻轮还技术模式,可使该地区大豆增产8.4%,玉米增产9.1%。

（4）南部瘠薄干旱区:肥沃耕层构建耕层与肥力增加"双增"模式 该模式以耕层增厚和肥力提高为目标,通过建立翻耕、免耕、浅耕作组合和秸秆深混、覆盖、浅混还田关键技术,配套大豆-玉米-玉米-玉米轮作条件下的技术模式,可使耕层增厚2～5厘米,大豆增产10.8%,玉米增产8.1%。

98. 大豆中低产田地力提升模式是什么?

大豆中低产田治理以提升地力、均衡养分为主要切入点,通过秸秆两段式还田、肥料养分协同高效技术,结合深翻深松耕作技术,同时进行土壤微生物调控,可有效提升中低产田地力,实现增产增效（图6-2）。

图6-2　大豆中低产田地力提升模式

99. 大豆高产土壤保育模式是什么？

黑土大豆高产土壤主要分布在黑土区北部，该地区土壤地力较高，土壤保育应以治理连作障碍、防治土壤酸化为主。通过培育健康土壤微生物区系来治理连作障碍，采用以抑病、营养、共生为核心的功能微生物制剂进行根区调控，提升土壤生物肥力；采用以生物炭为载体的系列土壤改良剂，提升土壤pH。同时，配套秸秆两段式还田、深翻深松技术，结合大豆-玉米轮作制度，可有效保育高产土壤地力，实现大豆增产。

100. 我国北方的秸秆还田技术体系有哪些？

（1）秸秆粉碎腐熟还田 作物收获后，使用机械将作物秸秆粉碎，并均匀覆盖在农田表面。将秸秆腐熟剂与肥料混拌后均匀抛洒在秸秆上，再使用机械进行旋耕、深松等作业，将秸秆、肥料、腐熟剂与表层土壤充分混合。

（2）秸秆留茬覆盖还田 作物收获时，采用联合收割机进行小麦收获，同时进行秸秆还田一体化。一般小麦留茬高度20～30厘米，上部秸秆切成10厘米以下，均匀撒在地表，全量还田。

（3）秸秆集中堆腐还田 收获农产品时，将作物秸秆也从地中清理出来。在农闲时，选择田间地头空闲地方，铺一层作物秸秆，喷上水，撒一层禽粪便或者尿素，再铺一层秸秆，重复堆叠到1米高左右，盖上塑料布或者用泥土封一层皮，定期翻堆，等完全腐熟后入土壤。

101. 东北大豆产区主要轮作方式有哪些?

东北春大豆产区实行一年一熟的耕作制度,主要有以下3种轮作方式:

(1)**大豆-小麦-小麦** 在春小麦主产区,大豆、小麦是优势作物,常采用此种轮作方式。小麦重茬一次,只要在施肥管理方面跟得上也可获得较好收成。

(2)**大豆-亚麻(小麦)-玉米** 这是近年来发展起来的一种轮作方式。大豆在这种轮作方式中可以利用玉米残肥,最容易使大豆高产。大豆茬耙茬后,平播麦、麻,麦、麻皆可获高产。麦、麻收后立即施肥翻地起垄,来年种玉米。这种轮作方式有利于这几种作物的均衡增产。

(3)**玉米-玉米-大豆** 目前东北地区的吉林以及黑龙江省的中南部,玉米和大豆是主栽作物,小麦、亚麻及其他作物面积很小或没有,很难三区轮作,采用玉米重茬一年的轮作体系,玉米后作大豆。因玉米比较耐重迎茬,连作只要管理得当不减产,而后作大豆又可充分利用其残肥。

102. 大豆"三垄"高产栽培模式及栽培要点有哪些?

"三垄"高产栽培模式原称"旱作大豆机械化高产栽培综合技术体系"。所谓"三垄",即在垄作基础上采用3项技术措施:一是垄底深松播种;二是垄体分层施肥;三是垄上双条精量点播(图6-3)。

(1)增产机理

①深松可以打破犁底层,加深耕作层;增强土壤蓄水保

墒、防旱抗涝和防寒增温的能力。

②化肥深施避免了种、肥同床的烧种、烧苗现象，同时提高了化肥利用率。

③实行精量播种能在合理密植的基础上，使群体结构进一步趋于合理，协调了光、热、水、肥的矛盾。

（2）栽培要点

①土壤深松。深松的深度以打破犁底层为准，一般深度以25～30厘米为宜。

②化肥分层深施。种肥深度要达到种下5～6厘米；底肥深度要达到种下10～15厘米。

③精量播种。机械双行等距播种，小行距10～12厘米；穴播机等距穴播，穴距18～20厘米，每穴3～4株。

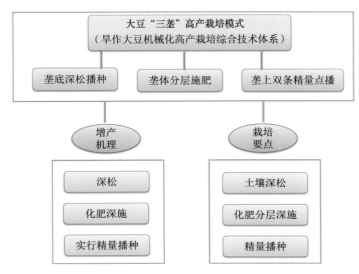

图6-3　大豆"三垄"高产栽培模式

（3）适应地区及应用条件 大豆"三垄"栽培适用于平川地、土壤墒情较好的地块，丘陵坡岗地土壤、墒情不好的地块不宜应用。

103. 大豆窄行密植栽培模式及栽培要点是什么?

以往将行距小于50厘米的播法称为窄行条播。随着机械化的发展、化学除草剂技术的推广应用，大豆窄行密植栽培技术对提高单产发挥了显著作用。目前已形成平作是以"深窄密"为代表的窄行密植综合配套模式，垄作是以"大垄密"为代表的，也包括"高垄平台"等垄作的窄行密植模式，同时垄作的窄行密植还有"小垄密"栽培模式。这些窄行密植综合配套模式已在各地得到广泛应用与推广（图6-4）。

图6-4 大豆窄行密植栽培

104. 大豆机械化"深窄密""大垄密"栽培模式的条件是什么?

大豆机械化"深窄密""大垄密"栽培模式在应用中要掌

握以下5个必要条件（图6-5）：

图6-5　大豆机械化"深窄密""大垄密"栽培模式

（1）要有深松的基础。

（2）窄行的目的是使大豆群体分布均匀，所以可根据本地实际情况，因地制宜，采取不同行距，一般单条行距为15～20厘米。

（3）要有较好的除草剂应用技术，杂草较多地块不宜采用此项技术。

（4）品种密度是关键，应根据具体情况，每公顷收获株数掌握在40万～45万株。

（5）后期一定要喷叶面肥。

105. 大豆"小垄密"栽培模式及栽培要点是什么？

大豆"小垄密"栽培模式是在引进消化美国"大豆平作窄行密植高产栽培技术"的基础上，结合我国大豆生产实际，将其嫁接到垄作上形成的栽培法，即在45～50厘米小垄上双行条播（图6-6）。

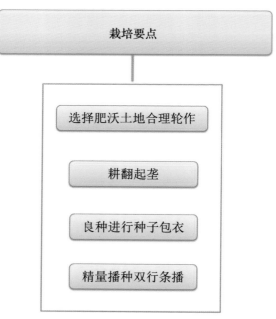

图6-6　大豆"小垄密"栽培模式

栽培要点：

（1）选择肥沃土地合理轮作。

（2）耕翻起垄。

（3）选用良种进行种子包衣。

（4）精量播种双行条播，每公顷保苗36万～46万株。

增产机理：增加了保苗株数，提高了土地利用率；土壤保墒性能好，提高了供水能力。该技术起到了缩垄增行的目的，是黑龙江省固有的大豆增产技术。

106. 大豆"垄双"栽培模式及栽培要点是什么？

"垄双"栽培模式是指在60～70厘米的垄上双行点播，密度为每公顷25万～30万株，采用单体或小型双行播种机播种（图6-7）。

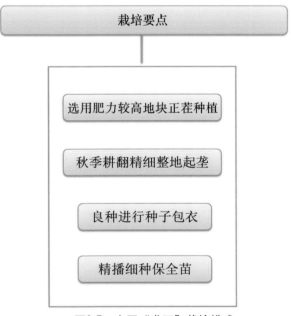

图6-7 大豆"垄双"栽培模式

栽培要点：

（1）选用肥力较高地块正茬种植。

（2）秋季耕翻，精细整地起垄。

（3）选用良种进行种子拌种或包衣。

（4）精播细种保全苗。

增产机理：增加了保苗株数，提高了土地利用率；土壤保墒性能好，提高了供水能力。"垄双"栽培模式适合于一家一户小地块应用，是吉林省所固有的大豆增产技术。

107. 大豆"原垄卡种"栽培模式及栽培要点是什么？

"原垄卡种"栽培模式是在玉米等作物原垄越冬的前提下，来年经简单的耙耢作业后，在原垄上直接播种大豆（图6-8）。

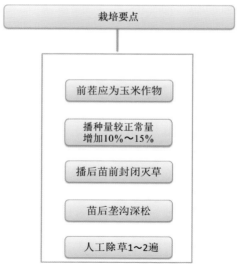

图6-8　大豆"原垄卡种"栽培模式

栽培要点：

（1）通常前茬应为玉米作物，并且在玉米收获后，搞好田间清理。

（2）播种量较正常量增加10%～15%。

（3）采取播后苗前封闭灭草。

（4）苗后垄沟深松，深度35厘米；中耕3遍；喷施叶面肥2～3遍。

（5）人工除草1～2遍。

增产机理：大豆"原垄卡种"是在充分保持玉米原有垄型的基础上，有效利用玉米的残肥，节省肥料的投入，田间作业少可减少土壤水分的散失，有利于保墒增温，并可降低能耗，争得农时，便于及时播种，有利于保证苗全、苗齐、苗壮。大豆"原垄卡种"适合在前茬为玉米作物、整地条件较好、土壤较干旱的地区应用。

108. 东北高产大豆选用良种的原则有哪些？

（1）**适应气候条件和耕作制度** 即选用与当地光照条件、温度状况和轮作制度相适应的对路品种。春大豆区应选用短光照性弱、生育期在110～140天的熟期类型品种即早熟品种种植。

（2）**根据土壤肥力和栽培条件** 大豆不同品种对土壤肥力和栽培条件的适应性不同。在土壤肥沃、雨水充沛、栽培条件较好的地区，应选用喜肥水、茎秆粗壮、主茎发达、株高中等、开花多、结荚密、抗倒伏、中大粒、丰产性能好的有限或亚有限结荚习性品种；在土壤肥力较差或干旱地区，则应选用植株高大、繁茂性强、耐瘠薄、抗干旱、开花期长、着荚分散、中小粒、抗逆性强的无限结荚习性品种。

（3）**分析当地病虫害发生情况** 病虫害对大豆的危害程度因品种而异，所以要根据当地病虫害发生的情况选用抗性强的品种。

（4）**考虑机械化作业条件** 机械化程度较高的大豆产区，为了有利于机械收割和脱粒，需要选用植株高大、直立不倒、主茎发达、株型紧凑、结荚部位高、成熟时落叶性好、不易炸荚及种皮不易破裂等特性的大豆品种。

（5）**结合栽培目的性和实用性** 不同栽培目的，对品种有不同选择。作籽粒用，宜选择粒型中等、种脐色淡、种皮光泽度好、外形美观的黄色圆粒大豆。以榨油为目的，应选择脂肪含量在21.5%以上的品种。以摄取蛋白为目的，应选择蛋白质含量在45%以上的品种。如蛋白质、脂肪兼用，则应选用二者含量合计在63%以上的品种为宜（图6-9）。

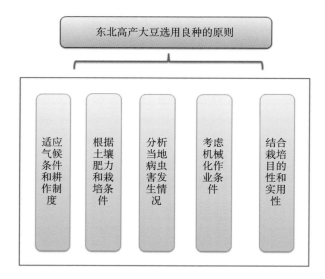

图6-9 东北高产大豆选用良种的原则

109. 绿色大豆高产高效栽培模式如何实施?

（1）**选用抗逆性强、丰产性好的品种**　不同生态区重迎茬条件下，不同品种在产量上有很大差别。因此，按不同区域因地制宜地选用熟期适宜、耐重迎茬的优良品种，可以减少大豆产量损失。黑龙江省东部地区选用抗根腐病的优质高产品种，西部地区选用抗孢囊线虫的优质高产品种，都有较好的效果。

（2）**加强病虫害的防治**　影响大豆产量的主要病虫害有孢囊线虫、根腐病和疫霉病。这几种土传病虫害主要在大豆生育前期危害。根部受害的植株矮小、枯黄，甚至死亡，严重减产。这几种病虫害在不同地区、不同年份危害不一样。西部干旱地区主要受孢囊线虫危害；北部地区主要受根腐病、根蛆的危害，菌核病的危害也较重；东部、中南部地区主要受根腐、根蛆的危害，蛴螬危害也较重。多雨年份土壤湿度过大，易发生根腐病；干旱年份孢囊线虫发生较重，重迎茬种植还加重了大豆黑斑病、紫斑病、蚜虫、食心虫的危害。

（3）**采取伏秋深翻和精细整地**　土壤环境恶化是造成重迎茬大豆减产的另一重要原因。因此，实行深翻或深松细整地，改善土壤水、肥、气、热状况，促进大豆根系发育，增强植株抗性，可以提高重迎茬大豆产量。同时，翻耕土地还可以深埋虫卵、病原菌和草籽，防止病虫害蔓延。

（4）**增施有机肥，合理使用化肥**　重迎茬大豆植株不如正茬健壮，吸肥能力较弱，再加上重迎茬土壤肥力也不如正茬。因此，要增施肥料，促进植株生长发育。有机肥是多元素复合体，增施有机肥可以改善土壤理化结构，提高土壤肥力，满足大豆不同生育期对各种营养元素的要求，为大豆生长发育创造良好的环境条件，有明显的增产作用，尤其是在中下等肥力条件下增产效果更为明显。施用有机肥要强调质量，土壤有机质含量要达到8%以上，一般每亩施1 000～1 500千克，结合伏秋整地一次施入。有些地块硼、钼等微量元素不足，则有必要补充。施用化肥宜通过土壤或作物营养诊断，实行专用肥、配方施肥、平衡施肥。

（5）**综合除草，控制草荒** 重迎茬大豆杂草危害较正茬严重，与大豆伴生的苍耳、鸭跖草和寄生的菟丝子等恶性杂草加速蔓延，与大豆争夺营养、水分和光照等。同时，由于长期或重复使用残留期长的豆田除草剂，既使杂草增强了抗药性，又增加了土壤残毒，致使化学除草对恶性杂草的效果不好，还影响大豆和下茬敏感作物生长。严重者可造成大豆籽粒留有残毒，降低质量，影响出口。

（6）**应用重迎茬大豆调控技术** 重迎茬大豆植株较正茬矮小，根系发育不良，吸收能力弱。应用生根粉可以促进根系发育，减缓根部病虫危害；施用药肥兼用型种衣剂可以兼有防病虫、健植株的作用；施用有机微生物复混肥和叶面追肥可以补充养分的不足，促进植株健康生长发育，对提高重迎茬大豆产量有很好的作用。

（7）**采用适当种植方式、适当密植、实施耕作栽培综合措施** 大豆重迎茬种植，由于病虫危害以及营养不良容易出现死苗、病株、弱苗，减少田间绿色面积。采用适当的种植方式、适当加大播量，合理分布群体，可以提高大豆产量。一般情况下，重迎茬大豆可比正茬大豆增加播量8%～10%。目前较好的种植方式有垄上双行精量点播、"三垄"栽培方式、窄行密植等技术。适时早播、浅播，充分利用积温创高产。高寒地区种植大豆，温度是限制产量和品质的重要因素。为扩大高

产晚熟品种的种植面积，保证成熟度和品质，采取适时早播
（5厘米地表耕层稳定通过4℃）、浅播（镇后2厘米），促使种
子早萌动、早发芽、早出土、早成熟。可保证高产品种的推广
种植面积，实现晚熟品种促早成熟、夺高产的目的（图6-10）。

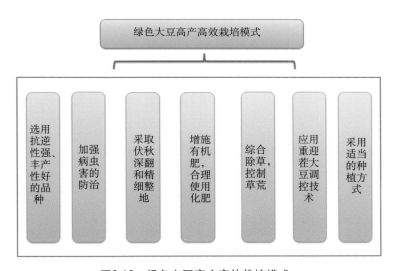

图6-10 绿色大豆高产高效栽培模式

图书在版编目（CIP）数据

黑土保护与大豆施肥百问百答/魏丹主编 . —北京：中国农业出版社，2020.8
ISBN 978-7-109-26915-6

Ⅰ.①黑… Ⅱ.①魏… Ⅲ.①大豆-施肥-问题解答②黑土-土地保护-问题解答 Ⅳ.①S565.106-44②S155.2-44

中国版本图书馆CIP数据核字（2020）第094902号

黑土保护与大豆施肥百问百答
HEITU BAOHU YU DADOU SHIFEI BAIWEN BAIDA

中国农业出版社出版
地址：北京市朝阳区麦子店街18号楼
邮编：100125
责任编辑：冀　刚
版式设计：王　晨　责任校对：吴丽婷　责任印制：王　宏
印刷：中农印务有限公司
版次：2020年8月第1版
印次：2020年8月北京第1次印刷
发行：新华书店北京发行所
开本：850mm×1168mm　1/32
印张：3
字数：100千字
定价：30.00元